Huichen De lüxing

灰尘的旅行

高士其 / 著

本书的主人公是一个名叫“菌儿”的细菌，它为读者娓娓讲述了其菌类家族不同族群的形态特征、衣食住行、生活习性，以及其对人类生活的影响。

吉林美术出版社|全国百佳图书出版单位

图书在版编目（CIP）数据

灰尘的旅行 / 高士其著. -- 长春 ：吉林美术出版社，2019.12（2023.6重印）
（快乐读书吧 ：听读版）
ISBN 978-7-5575-5240-4

Ⅰ. ①灰… Ⅱ. ①高… Ⅲ. ①细菌－少儿读物 Ⅳ. ①Q939.1-49

中国版本图书馆CIP数据核字(2019)第278540号

快乐读书吧 ：听读版

灰尘的旅行

著　　者　高士其
出 版 人　赵国强
责任编辑　陈　鸣
责任校对　刘明辉
装帧设计　柏拉图
开　　本　710mm×960mm　1/16
字　　数　200千字
印　　张　10
版　　次　2019年12月第1版
印　　次　2023年6月第11次印刷
出　　版　吉林美术出版社
发　　行　吉林美术出版社图书经理部
地　　址　长春市净月开发区福祉大路5788 号
　　　　　邮编：130118
网　　址　www.jlmspress.com
印　　刷　吉林省恒盛印刷有限公司

ISBN 978-7-5575-5240-4　　定价：38.00 元

CONTENTS
目 录

我的名称

我很小很轻，小到很多人都没有见到过我。我诞生几千万年以来，竟然没人知道我的存在。人类给我起了很多名字：微生物、寄生物、微生虫、病毒、病菌……哪一个才是准确的呢？

这一篇文章，是我**老老实实**的自述，请一位曾直接和我见过几面的人笔记出来的。

我自己不会写字，写出来，就是蚂蚁也看不见。

我也不曾说话，就有一点儿声音，恐怕苍蝇也听不到。

那么，这位笔记的人，怎样接收我心里所要说的话呢？

那是暂时的一种秘密，恕我不公开吧。

闲话少讲，且说我为什么自称作“菌儿”。

我原想取名为微子，可惜中国的古人，已经用过这名字了，而且我嫌“子”字有点儿大人气，不如“儿”字谦卑。

自古中国的皇帝，都称为“天子”。这明明**要挟**老天爷的声名架子，以号召群众，使小百姓们吓得不敢抬头。古来的圣贤名哲，又都好称为“子”，什么老子、庄子、孔子、孟子……“子”字未免太名贵了，太大模大样了，不如“儿”字来得小巧而逼真。

我的身躯，永远是那么幼小。人家由一粒“细胞”出身，能积成几千、几万、几万万。细胞变成一根青草，一把白菜，一株挂满绿叶的大树，或变成一条蚯蚓，一只蜜蜂，一只大狗、大牛，乃至于大象、大鲸，看得见，摸得着。我呢，也是由一粒细胞出身，虽然分得格外快、格外多，但只恨它们不争气、不团结，所以变来变去，总是那般一盘散沙似的，**孤单单**的，一颗一颗，又短又细又寒酸。惭愧惭愧，因此今日自命作“菌儿”。为“儿”的原因，是因为小。

至于“菌”字的来历，实在很复杂、很渺茫。屈原所作《离骚》中，有这么一句：“杂申椒与菌桂兮，岂维纫夫蕙茝。”这里的“菌”，是指一种香木。这位失意的屈先生，拿它来比喻贤者，以**讽刺**楚王。我的老祖宗，有没有那样清高，那样香气熏人，也无从查考。

不过，现代科学家都已承认，菌是生物中之一大类。菌族菌种，很多很杂，菌子菌孙，布满地球。你们人类所最熟识者，就是煮菜、煮面所用的蘑菇、香蕈之类，那些像小纸伞似的东西，**黑圆圆**的盖，硬短短的柄，实是我们菌族里的大汉。当心呀！勿因味美而忘毒，那大菌，有的很不好惹，会毒死你们贪吃的人呀。

至于我，我是菌族里最小最小、最轻最轻的一种。小得使你们的肉眼，看得见灰尘的纷飞，看不见我们也夹在里面飘游。轻得我们好几十万挂在苍蝇脚下，它也不觉得重。真的，我比苍蝇的眼睛还小 1000 倍，比顶小一粒灰尘还轻 100 倍呢。

因此，自我的始祖，一直传到现在，在生物界中，混了这几千万年，没有人知道有我。大的生物，都没有看见过我，都不知道我的存在。

不知道也罢，我也乐得过着逍逍遥遥的生活，没有人来搅扰。天晓得，后来，偏有一位**异想天开**的人，把我发现了，我的秘密，就渐渐地泄露出来，从此多事了。

这消息一传到众人的耳朵里，大家都惊惶起来，觉得我比黑暗里的影子还可怕。然而始终没有和我对面会见过，仍然是**莫名其妙**，恐怖中，总带着半信半疑的态度。

“什么‘微生虫’？没有这回事，自己受了风，所以肚子痛了。”

“哪里有什么病虫？这都是心火上冲，所以头上、脸上生出疖子疔疮来了。”

“寄生虫就算有，也没有那么**凑巧**就爬到人身上来，我看，你的病总是湿气太重的缘故。”

这是我亲耳听见过三位中医，对于三位病人所说的话。我在旁暗暗地好笑。

他们的传统观念，病不是风生，就是火起，不是火起，就是水涌上来的，而不知冥冥之中还有我在把持活动。

因为冥冥之中，他们看不见我，所以又疑云疑雨地叫道：“有鬼，有鬼！有狐精，有妖怪！”

其实，哪里来的这些魔物，他们所指的，就是指我，而我却不是鬼，也不是狐精，也不是妖怪。我是真真正正、活活生生、明明白白的一种生物，一种最小最小的生物。

既是生物，为什么和人类结下这样深的大仇，天天害人生病，时时暗杀人命呢？

说起来也话长，我真是有冤难申，在这一篇自述里面，当然要**分辩**个明白，那是后文，暂搁不提。

因为一般人没有亲见过，关于我的身世，都是出于道听途说，传闻失真，对于我未免胡乱地称呼。

虫，虫，虫——寄生虫，病虫，微生虫，都有一个字不对。我根本就不是动物的分支，当不起“虫”字这尊号。

称我为寄生物，为微生物，好吗？太**笼统**了。配得起这两个名称的，又不止我这一种。

唤我作病毒吗？太没有生气了。我虽小，仍是有生命的呀。

病菌，对不对？那只是我的罪名，致病并不是我的职业，只算是我非常时期的行动，真是对不起。

是了，是了，微菌是了，细菌是了。那固然是我的正名，却有点儿科学绅士气，不合乎大众的口头语，而且还有点儿西洋气，把姓名都颠倒了。

菌是我的姓。我是菌中的一族，菌是植物中的一类。

菌字，口之上有草，口之内有禾，十足地表现出植物中的植物这个含义。这是寄生植物的本色。

我是寄生植物中最小的儿子，所以自愿称作菌儿。以后你们如果有机缘和我见面，请不必大惊小怪，从容地和我打一个招呼，叫声菌儿好吧。

我的籍贯

我经常东飘西荡，行踪不定。土壤、空气、江河湖沼、人类的肚肠是我常常出没的地方，热带地区是我留恋不舍的乐土，所以说起我的籍贯，这可算是一个难题了。

我们姓菌的这一族，多少总不能和植物**脱离**关系吧。

植物是有地方性的。这也是因为气候的差异。热带的树木，移植到寒带去，多活不成。你们一见了芭蕉、椰子之面，就知道是从南方来的。荔枝、龙眼的籍贯是广东与福建，谁也不能否认。

我菌儿却是地球通，不论是地球上哪一个角落里，只要有一些水汽和“有机物”，我都能生存。

我本是一个**流浪**者。

像西方的吉卜赛民族，流浪成性，四处为家。

像东方的游牧部落，逐着水草而搬移。

又像犹太人，没有了国家，散居异地谋生，都能各个繁荣起来，世界上大富之家，不多是他们的子孙吗？

这些人的籍贯，都很含混。

我又是大地上的清道夫，替大自然清除腐物烂尸，全地球都是我工作的区域。

我随着空气的动荡而上升。有一回，我正在天空 4 000 米之上飘游，忽而遇见一位满面都是胡子的科学家，驾着氢气球上来追寻我的**踪迹**。那时我身轻不能自主，被他收入一只玻璃瓶子里，带到他的实验室里去受罪了。

我又随着雨水的浸润而深入土中。但时时被大水所冲洗，洗到江河湖沼里面去了。那里的水，我真嫌太淡，不够味，往往不能得一饱。

犹幸我还抱着一个很大的希望：希望娘姨大姐，贫苦妇人，把我连水挑上去淘米洗菜，洗碗洗锅；希望农夫工人，劳动大众，把我一口气喝尽了，希望由各种不同的途径，到人类的肚肠里去。

人类的肚肠，是我的天堂，
在那儿，没有干焦冻饿的恐慌，
那儿只有吃不尽的食粮。

然而事情往往不如意料的美满，这也只好怪我自己太不识相了，不**安分守己**，饱暖之后，又肆意捣毁人家肚肠的墙壁，于是乱子就闹大了。那个人的肚子，觉着一阵阵的痛，就要吞服了蓖麻油之类的泻药，或用灌肠的手法，不是油滑，便是稀散，使我立足不定，这么一泻，就泻出肛门之外了。

从此我又**颠沛流离**，如逃难的灾民一般，幸而不至于饿死，辗转又归到土壤了。

初回到土壤的时候，一时寻不到食物，就吸收一些空气里的氮气，以图暂饱。有时又把这些氮气，化成了硝酸盐，直接和豆科之类的植物换取别的营养料。有时遇到了鸟兽或人的尸身，那是我的大造化，够我几个月乃至几年享用了。

天晓得，20世纪以来，美国的生物学者，渐渐注意了伏于土壤中的我。有一次，被他们掘起来，拿去**化验**了。

我在化验室里听他们谈论我的来历。

有些人就说，土壤是我的家乡。

有的以为我是水国里的居民。

有的认为我是空气中的浪子。

又有的称我是他们肚子里的老主顾。

各依各人的试验所得而报告。

其实，不但人类的肚子是我的大菜馆，人身上哪一块不干净，哪一块有**裂痕**伤口，哪一块便是我的酒楼、茶店。一切生物的身体，不论是温血或冷血，也都是我求食借宿的地方。只要环境不太干，不太热，我都可以生存下去。

干莫过于沙漠，那里我是不愿去的。埃及古代帝王的尸体，所以能保藏至今而不坏者，也就为着我不能进去的缘故。干之外再加以防腐剂，我就万万不敢去了。

热到了60℃以上，我就渐渐没有生气，一到了100℃的沸点，我就没有生存的希望了。我最喜欢温血动物的体温，那是在37℃左右吧。

热带的区域，既潮湿，又温暖，所以我在那里最**惬意**，最

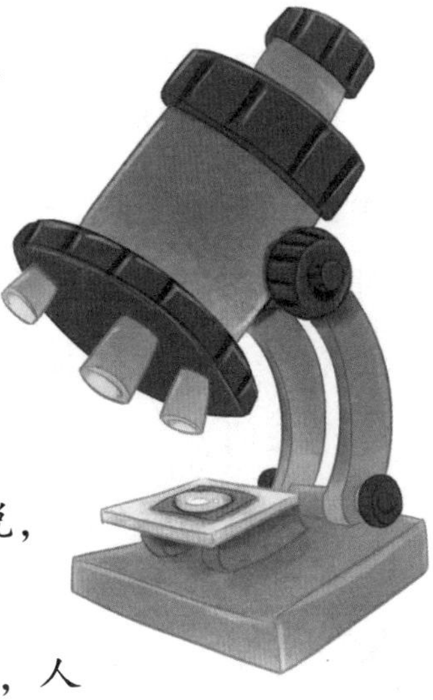

恰当。因此又有人认为我的籍贯，大约是在热带吧。

世界各国人口的患病率和死亡率，据说以中国与印度为最高，于是众人的目光又都集中在我的身上了，以为我不是中国籍，便是印度籍。

最后，有一位欧洲的科学家站起来说，我应属于荷兰籍。

说这话的人的意见是，在17世纪以前，人类始终没有看见过我，而后来发现我的地方，却在荷兰德尔夫市政府的一位看门老头儿的家里。

这事情是发生于公元1675年。

这位看门先生是制显微镜的能手。他所制的显微镜，都是单用一片镜头磨成，并不像现代的复式显微镜那么笨重而复杂，而他那些镜头的放大力，却也不弱于现代科学家所用的。我是亲尝过这些镜头的滋味，所以知道得很清楚。

这老头儿，在空闲的时候，便找些小东西，如蚊子的眼睛，苍蝇的脑袋，臭虫的刺，跳蚤的脚，植物的种子，乃至于自己身上的皮屑之类，放在镜头下聚精会神地细看，那时我也夹杂在里面，有好几番都险些被他看出来了。

但是，不久，我终于被他发现了。

有一天，是雨天吧，我就在一小滴雨水里面游泳，谁想到这一滴雨水，就被他寻去放在显微镜下看了。

他看见了我在水中活动的影子，就惊奇起来，以为我是从天而降的小动物，他看了又看，疯了似的。

又有一次，他异想天开，把自己的齿垢刮下一点点来细看，这一看**非同小可**，我的原形都现于他的眼前了。原来我时时都伏在那齿缝里面，想分吃一点儿“入口货”，这一次是我的大不幸，竟被他捉住了，使我族几千万年以来的秘密，一朝**泄露**于人间。

我在显微镜底下，东跳西奔，没处藏身，他眼也看红了，我身也疲乏了，一层大大厚厚的水晶上，映出他那灼灼如火如电的目光，着实可怕。

后来他还将我画影描形，写了一封长长的信，报告给伦敦“英国皇家学会”，不久消息就传遍了全欧洲，所以至今欧洲的人，还有以为我是荷兰籍者。这是错以为发现我的地点就是我

的发祥地。

老实说，我就是这边住住，那边逛逛，飘飘然而来，渺渺然而去，到处是家，行踪无定，因此籍贯实在有些决定不了。

然而我也不以此为憾。鲁迅笔下的阿 Q，那种大模大样的乡下人籍贯尚且有些**渺茫**，何况我这小小的生物，素来不大为人们所注视，又哪里有记载可寻、历史可据呢！

不过，我既是造物主的作品之一，生物中的小玲珑，自然也有个根源，不是无中生有，半空中跳出来的，那么，我的籍贯，也许可从生物的起源这问题上，寻出端绪来吧。但这问题并不是一时所能解决的。

最近，科学家用电子显微镜和科学装备，发现了原始生物化石。在非洲南部距今 31 亿年前太古代地层中，找到长约 0.5 微米的杆状细菌**遗迹**，据说这是最古老的细菌化石。那么，我们菌儿祖先确是生物界原始宗亲之一了。这样，我的原籍就有证据可查了。

我的家庭生活

在家庭生活中，我总是衣食无忧，时时被人悉心照料，别提有多惬意了，可是有时候，一旦噩梦降临，我的家庭生活就变成了牢狱。

我正在水中浮沉，空中飘零，
听着**欢腾腾**一片生命的呼声，
欢腾腾赞美自然的歌声。
忽然飞起了一阵尘埃，
携着枪箭的人类陡然而来，
生物都如**惊弓之鸟**四散了。
逃得稍慢的都一一遭难了。
有的做了刀下之鬼；有的受了重伤；
有的做了终身的奴隶；有的饱了人类的饥肠。
大地上遍满了呻吟挣扎的喊声，
一阵阵叫我不忍卒听那尖锐的哀鸣。

我看到不平只能落荒而走。

我因为**短小精悍**，容易逃过人眼，就悄悄地度过了好几万载，虽然在17世纪末被发觉过一次，幸而当时欧洲的学者，都当我是科学的小玩意儿，只在显微镜上瞪瞪眼，不认真追究我的性状，也就没有什么过不去的事了。

又挨过了两个世纪的辰光，法国出了一位怪学究，毫不客气地**疑惑**我是疾病的元凶，要彻底清查我的罪账。

无奈呀，我终于被囚了！

被囚入那无情的玻璃小塔了！

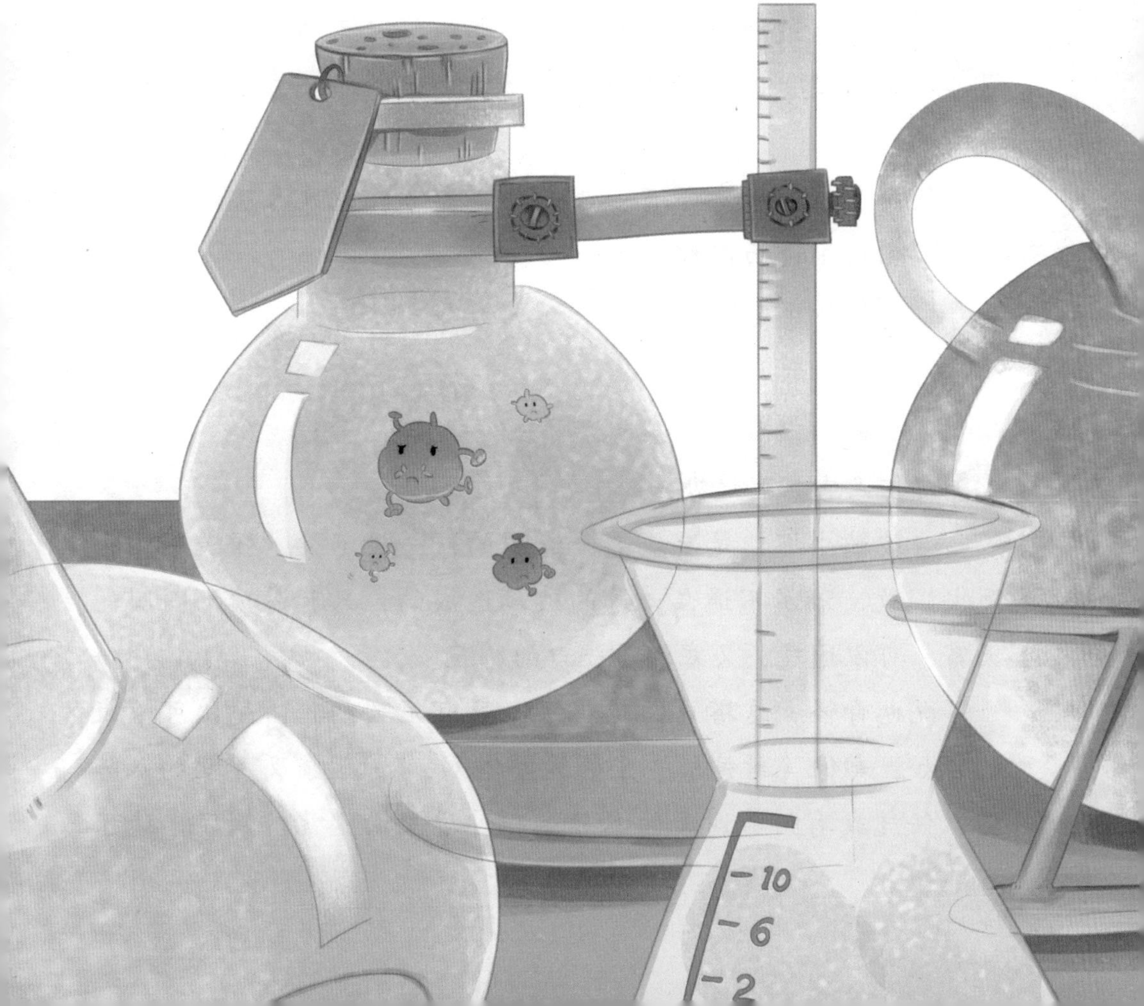

我看他那满面又粗又长的胡子，真是又惊又恨，自忖，这是我的末日到了。

也许因为我的种子繁多，不易杀尽，也许因为杀尽了我，断了线索，扫不清我的余党。于是他就暂时养着我这可怜的薄命，在实验室的玻璃小塔里。

在玻璃小塔里，气候是和暖的，食物是源源的供给，有如许的便利，一向习惯流浪的我，也顿时觉着安定了。从初进塔门到如今，足足混了六十余年的光阴，因此这一段的生活，从好处着想，就说是我的家庭生活吧。

家庭生活是和流浪生活对立而言的。

然而，这玻璃小塔于我，仿佛也似笼之于鸟，瓶之于花，是牢狱的家庭，家庭的牢狱，甚至竟是坟墓了，真是上了科学先生的当。

虽说上当，毕竟还有一线光明在前面，也许人类和我的误会，就由这里进而**谅解**了。

把牢狱当作家庭，
把怨恨当成爱怜，
把误会化为同情，
对付人类只有这办法。

这玻璃小塔，是**亮晶晶**，透明的，一尘不染，强酸不化，烈火不攻，流水不通，薄薄的玻璃造成的，只有塔顶那圆圆的天窗，可以通气，又塞满了一口的棉花。

说也奇怪，这塔口的棉花塞，虽有无数细孔，气体可以来往自如，却像《封神榜》里的**天罗地网**，《三国演义》里的八阵图，任凭我有何等通天的本领，一冲进里面，就绊倒了，迷了路，逃不出去，所以看守我的人，是很放心的。

过惯了户外生活的我，对于实验室中的气温，本来觉着很舒适。但有时刚从人畜的身内游历一番，回来就嫌太冷了。

于是实验室里的人，又特别为我盖了一间暖房，那房中的温度和人的体温一样，门口装有一只按时计温的电表，表针一离了37℃的常轨，看守的人，就来拨动拨动，调理调理，总怕我受冷。

记得有一回，胡子科学先生的一个徒弟带我下乡去考察，还要将这玻璃小塔密密地包了起来，存入内衣的小袋袋，用他的体温，温我的身体，总怕我受冷。

科学先生给我预备的食粮，色样众多。大概他们**试探**我爱吃什么，就配了什么汤，什么膏，如牛心汤、羊脑汤、糖膏、血膏之类。还有一种海草，叫作“琼脂”，是常用作底子的，那我是吃不动，摆着做样子，好看一些罢了。

他们又怕不合我的胃口，加了盐又加了酸，煮了又滤，滤了又煮，消毒了而又消毒，有时还掺入或红或蓝的色料，真是处处**周到**。

我是著名的吃血的小霸王，但我嫌那生血的气焰太旺，死血的质地太硬，我最爱那半生半熟的血。于是实验室里的大司务，又将那鲜红的血膏，放在不太热的热水里烫，烫成了美丽的巧克力色。这是我最精美的食品。

然而，不料，有一回，他们竟送来了一种又苦又辛的药汤给我吃了。这据说是为了要检查我身体的化学结构而**预备**的。那药汤是由各种单纯的，无机和有机的化合物，含有细胞所必需喝的十大元素配合而成。

那十大元素是一切生物细胞的共有物。

碳为主；

氢，氧，氮副之；

钾，钙，镁，铁，又其次；

磷和硫居后。

我的无数种子里面，各有**癖好**，有的爱吃有机之碳，如蛋白质、淀粉之类；有的爱吃无机之碳，如二氧化碳、碳酸盐之类；有的爱吃阿莫尼亚之氮；有的爱吃亚硝酸盐之氮；有的爱吃硫；有的爱吃铁。于是科学先生各依所好，酌量增加或减少各元素的成分，因此那药汤，也就不大难吃了。

我的呼吸也有些特别。在平时固然尽量地吸收空气中的氧，有时却嫌它的刺激性太大，氧化力太强了，常常躲在低气压的角落里，暂避它的**锋芒**。所以黑暗潮湿的地方我最能繁殖，一件东西将要腐烂，都从底下烂起。有时我竟完全拒绝氧的输入了，原因是我自己的细胞会从食料中抽取氧的成分，而且来得简便，在外面氧的压力下，反而不能活，生物中不需空气而能自力生存的，恐怕只有我这一种吧。

不幸，这又给饲养我的人添麻烦了。

我的食量无限大，一见了可吃的东西，就吃个不停，吃完了才罢休。一头大象，或大鲸的尸身，若任我吃，不怕花去五年十载的工夫，也要吃得精光。大地上一切动植物的尸体，都是我这清道夫给收拾得**干干净净**了。

何况这小小玻璃之塔里的食粮，是极有限的。于是又麻烦了亲爱的科学先生，用白金丝，挑了我，搬来搬去，费去了不少的亮晶晶的玻璃小塔、不少的棉花、不少的汤和膏，三日一换，五日一移，只怕我绝食。

最后，他们想了一条妙计，请我到冰箱里去住了。受冰点的寒气的包围，我的细胞缩成了一小丸，没有消耗，也无须饮食，可经数月的饿而不死。这秘密，几时被他们探出了？

在冰箱里，像是我的冬眠。但这不按四时的**冬眠**，随着他们看守者的高兴，又不是出于我的自愿，他们省了财力，累我受了冻饿，这有些是科学的资本主义者的手段了。

我对于气候寒冷的感觉，和我的年纪也有关系，年纪愈轻愈怕冷，愈老愈不怕，这和人类恰恰相反。

从前胡子科学先生，和他的大徒弟们，都以为我有不老的精神，永生的力量。说我每20分钟，就变作2个；8小时之后，就变成1600万个；24小时之后，也竟有500吨的重量了，岂不是不久就要占满全地球了吗?

现在胡子先生已不在人世，他的徒子徒孙对于我的观感，有些不同了。

他们说：我的生活也可以分为少、壮、老三期，这是根据营养的**盛衰**、生殖的迟速、身材的大小、结构的繁简而定的。

最近，有人提出我的婚姻问题了。我这小小家庭里面，也有夫妻之别、男女之分吧？这问题，难倒了科学先生了。有的说，我在无性的分裂生殖以外，还有有性的交合生殖。他们眼都看花了，意见还都不一致。我也不便直说了。

科学先生的苦心如此，我在他们的娇养之下，无忧无虑，不愁衣食，也“**乐不思蜀**”了。

但是，他们一翻了脸，要提我去审问，这家庭就宣告破产，而变成牢狱了，唉！

无情的火

我一生中最痛苦的经历，多半都是由于和火碰头，无情的火是我最惨痛的回忆。在将近一个世纪的细菌起源大论战中，我经常被火攻。我真的会因此而毁灭吗？

我从踏进了玻璃小塔之后，初以为可以安然度日子了。

想不到，从白昼到黑夜又到了白昼，刚刚经过了24小时的拘留，我正吃得饱饱的，**懒洋洋**地躺在牛肉汁里，由它浸润着。忽然塔身震荡起来，一阵热风冲进塔中，天窗的棉花塞不见了，从屋顶吊下来一条又粗又长，**明晃晃**的、热烘烘的白金丝，丝端有一圈环子，救生圈似的，把我钩到塔外去了。

我真慌了。我看见那位好生面熟的科学先生，坐在那长长的黑漆漆的试验桌旁，五六个穿白衫的青年都围着看，一双双眼睛都盯着我。

他放下了玻璃小塔，提起了一片明净的玻璃片，片上已滴了一滴清水，就将右手握着的那白金丝上的我，向这一滴水里一送，轻轻地大涂大搅，搅得我的身子乱转。

这一滴水就似是我的大游泳池，一刹那，那池水已自干了。于是我就**大难临头**了。

我看见那酒精灯上的青光，心脏就突突地跳了。果然那狠心的科学先生一下子就把我往火焰上穿过了三次，使那冰凉的玻璃片，立时变成热烫热烫的火床了。我身上的油衣都脱化了，烧得我的细胞焦烂，死去活来，终于是晕倒不省“菌”事了。

据说，后来那位先生还洗我以酒，浸我以酸，毒我以碘汁，灌我以色汤，使我披上一层黑紫衣，又披上一件大红衣，都是为了便于检查我的身体，认识我的形态起见，而发明了这些**曲曲折折**的手续。当时我是热昏了全然不知不觉的，任他们摆弄就是了，又有什么法子呢？

自此以后，每隔一天，乃至一星期，我就要被提出来拷问，来受火的苦刑。

火，无情的火，我一生痛苦的经历，多半都是由于和它碰头。

这又引起我早年的回忆了。

我本是逐着生冷的食物而流浪的。这在谈我的籍贯那一章已说得明明白白了。

在太古蛮荒的时代，人类都是**茹毛饮血**，茹的是生毛，饮的是冷血。那时口关的检查不太严，食道可以随意放行，我也自由自在无阻无碍地跟着那些生冷的鹿肉呀，羊心呀，到人类的肚肠里去了。

自从传说中，不知第几任的中国帝王，那淘气的燧人氏，那钻木取火的燧人氏，教老百姓吃熟食以来，我的生计问题，曾经发生过一次极大的**恐慌**。

后来还亏这些老百姓不大认真，炒肉片吧，炒得半生半熟，也满不在乎地吃了。不然就是随随便便地连碗底都没有洗干净就去盛菜，或是留了好几天的菜，味都变了，还舍不得扔掉，这就给我一个“走私”“偷运”的好机会了。他们都看不出我仍在碗里活动。

热气腾腾的时候，我固然不敢走近；凉风一拂，我就来了。

虽然，我最得力的助手，还是苍蝇大爷和苍蝇大娘。

我从肚肠里出来，就遇着苍蝇大爷。我紧紧地抱着它的腰，牢牢地握着它的脚。它嗡的一声飞到大菜间里去了。它扑的一下停落在一碗菜的上面，把身子一摇，把我抛下去了。我忍受着菜的热气，欢喜那菜的香味，又有的吃了。

我吃得很惶惑，抬起头来，听见一位牧师在自言自语：

“上帝呀，万有万能的主啊！你创造了亚当和夏娃，又创造了无数鸟兽鱼虫、花草木兰来陪伴他们，服侍他们。你的工作真是繁忙啊！你果真于六天之内创造了这么多的生物吗？你真来得及吗？你第七天以后还有新的作品吗？……

“近来有些学者对于你怀疑了，怀疑有好些小动物都未必是由你的大手挥成。它们都可以自己从烂东西里，自然而然地产生出来。就如苍蝇、萤火虫、黄蜂、甲虫之流，乃至于小老鼠，都是如此产生。尤其是苍蝇，苍蝇这个公子哥儿的确是自然而然地从茅厕坑里跳出来的呀！……”

我听了暗暗地好笑。

这是 17 世纪以前的事。那时的人，都还没有看见过苍蝇大娘的卵，看见了也不知道是什么。

不久之后，在 1688 年的夏天，有一回，我跟着苍蝇大娘出游，游到了意大利一位生物学先生的书房里。它停落在一张铁纱网的面上，跳来跳去，四处探望。我闻到一阵阵的肉香，却不见一块块的肉影。它更着急了，用那一只小脚乱踢，把我踢落到那铁纱网的下边去了。原来肉在这里！

这是这位生物学先生的巧计。防得了苍蝇，却防不了我。小苍蝇虽不见飞进去，而那一锅的肉却依旧酸了烂了。

从此苍蝇的秘密被人类发觉了。为着生计问题，于是我更无孔不钻，无缝不入了。

我也不便屡次高攀苍蝇的贵体，这年头，专靠苍蝇大爷和大娘谋食，是靠不住的呵！于是我也常常在空气中游荡，独自冒险远行以**觅食**。

有一回，是1745年的秋天吧，我到了爱尔兰，飞进了一位天主教神父的家里。他正在热烈的火焰上烧着一大瓶羊肉汤，我闻着羊肉的气味，心怦怦地跳动。又怕那热气太高，不敢下手。他煮好了，放在桌上，我刚要凑近，陡然的一下，那瓶口又给他紧紧密密地塞上了木塞子。我四周一看，还有个弯弯的大缝隙，就**索性**挤进去了。

初到肉汤的第一刻，我还嫌太热，一会儿就温和而凉爽了。一会儿，忽然又热起来了，那肉汤不停地乱滚，滚了快一个时辰，这才歇息了。我一上一下地翻腾，热得要死，往外一看，吓得我没命，原来那神父又在火焰上烧这瓶子了！烧了约莫快到一个时辰的光景。

我幸而没有被烧死，逃过了这火关，就痛快地大吃了一顿，把这一瓶清清的羊肉汤搅浑得不成样子了，仿佛是水中的乱云飞絮似的上下浮沉。那阔嘴的神父，看了又看，又挑了一滴放在显微镜下再看，看完之后，就大吹大擂起来了。他说：

“我已经烧尽了这瓶子里的生命，怎么又会变出这许多来了？这显然是微生物会从羊肉汤里自然而然地产生出来的呀！”

我听了又好气又好笑。

这样**糊里糊涂**地又过了24年。

到了1769年的冬天，从意大利又发出反对这种“自然发生学说”的呼声，这是一位秃头教士的声音。他说：

“那爱尔兰神父的试验不精到，木塞子没有塞好，烧没有烧透，那木塞子是不中用的，那一个时辰是不够用的。要塞，不如密不透风地把瓶口封住了。要烧，就非烧到一个时辰以上不可。要这样才……”

我听了这话，吃惊不小，叫苦连天。

一则有**绝食**的恐慌，二则有灭身的惨祸。

这是关于我的起源的大论战。教士与神父怒目，学者和教授切齿。他们起初都不能判断我的出身何处，起家哪里。从不知道或腐或臭的肉呀，菜呀，都是我吃饱了的成绩。他们却瞎说瞎猜，造出许多科学的谣言来，什么‘生长力”哪，什么“氧化作用”哪，一大堆的论文，其实那黑暗的主动者就是我，都是我，只有我！

仿佛又像诸葛亮和周瑜定计破曹操似的，这些科学的军师们，一个个的手掌心，都**不约而同**地写着“火”字。他们都用火来攻我，用火来打破这微生物的谜。

火，无情的火，真害我菌儿死得好苦也！

这乱子一直闹了一个世纪，一直闹到了 1864 年的春天，这才被那位著名的胡子科学先生的试验，完完全全地解决了。

说起来也话长，这位胡子先生真有了不起的本事，真是细菌学军营里的姜子牙。我这里也不便细谈他的故事了。

单说有一天吧。这一天我飘到了他的实验室里了。他的实验室我是常**光顾**的。这一次却没有被请，而是我独立闲散地飞游而来的。

我看见满桌上排着二三十瓶透明的黄汤，有肉香，有甜味。每一只的瓶颈，都像鹤的颈子一般，细细长长地弯了那么一大弯，又昂起头来。我禁不住地就从一只瓶口得意地飞进去了。可是，到了瓶颈的半路，碰了玻璃壁，又滑又腻的壁，费尽气力也爬不上去，真是苦了我，罢了罢了！

那胡子科学先生一天要跑来看几十次，看那瓶子里的黄汤仍是**清清明明**的，阳光把窗影射在上面，显得十分可爱，他脸上现出一阵一阵的微笑。

这一着，他可把“自然发生说”的饭碗，完全打翻了。因为我不能到里面去偷吃，那肉汤，无论什么汤，就不会坏，永远都不会坏了。

于是，他疯了似的，携着几十瓶的肉汤，到处寻我，到巴黎的大街上，到乡村的田地上，到天文台屋顶的空房里，到黑暗的地窖里，到了瑞士，爬上阿尔卑斯山的最高峰去寻我。他发现空气愈**稀薄**，灰尘愈少，我也愈稀少，愈难寻。

寻我也罢，我不怪他。只恨他又拿我去放在瓶子里烧。最恨他烧我又一定要烧到110℃以上，120℃以上，乃至170℃。用高压力来烧我，用干热来烧我，烧到了一个钟头还不肯止呢！

火，无情的火，是我最惨痛的回忆啊！

现在胡子先生虽已不见了，而我却被囚在这玻璃小塔里，历万劫而难逃，那塔顶的棉花网，就是他所想出的让我倒霉的法子。至于火的势力，哎哟！真是大大地**蔓延**起来了。

火，无情的火，实验室的火，医院的火，检疫处的火，到处都起了火了。果真能灭亡了我吗？那至多也不过像秦始皇焚书似的。

我的儿孙布满陆地，大海，与天空。

毁灭了大地，毁灭了万物，才能毁灭我的菌群！

水国纪游

我是水国里最繁盛的生物，我对水有着特殊的感情，不论是雨水、雪水、山泽池沼的蓄水，还是湖水、江河的水，我都青睐有加，可是唯独泉水和海水我是万万不能待的。

实验室的火要烧焦了我，快了。

渴望着水来救济，期待着水来浸洗，我真做了庄周所谓“**涸辙之鲋**”了。

无情的火处处致我灼伤，有情的水杯杯使我留恋。世间唯有水最多情！

中国的古人曾经写成了一部《水经》，可惜我没有读过。但我料他一定把我这一门，水族里最繁盛的生物，遗漏了。我是深明水性的生物。

水，我似听见你不平的流声，我在昏睡中惊醒！

五月的东风，卷来了一层密密的黑云，遮满了太平洋的天空。

我听见黄河的吼声，扬子江的怒声，珠江的喊声，齐奔大海，击破那翻天的白浪。

这万千的水声，洪大，悲壮，激昂，打动了我微弱的胞心，鼓起了我**疲惫**的鞭毛。

水，我对于你，有遥久深远的感情，我原是水国的居民。

水，你是光荣的血露，神圣的流体！

耶稣基督据说也曾受过你的**洗礼**。

地面上的万物都要被你所冲洗。

水，我爱你的浊，也爱你的清。

清水里，氧气充足，我虽饿肚皮，却能延长寿命。

浊水里，有那丰富的有机物，供我尽情地受用。

气候暖，腐物多，我就很快地繁殖。

气候冷，腐物少，也能安然地度日。

气候热，腐物不足，我吃得太快，那生命就很短促了。

水，什么水？是雨水。把我从飞雾浮尘，带到了山洪、溪涧、河流、沟壑。浮尘愈多，大雨一过，下界的水愈遍满了我的行踪。

我记起了阿比西尼亚雨季的滂沱。法西斯头子墨索里尼纵使并吞了阿国，也消灭不了那滂沱，更止不住我从土壤冲进了江河。

雨季连绵下去，雨水已经澄清了天空，扫净了大地，低洼处的我，虽不会再加多，有时反而被那后降的纯洁的雨水逐散了，然而大江小河，这时已**浩浩荡荡**满载着我，这将给饮食不慎的人群以相当的不安啊！

水，什么水？是雪水。我曾听到胡子科学先生**得意扬扬**地说过，山巅的积雪里寻不见我。我当然不到那寂寞荒凉的高峰去过活，但将化未化的美雪，仍然是我冬眠的好地方。

雪花飞舞的时候，碰见了不少的灰尘，我又早已伏在灰尘身上了。瑞典的京城，地处寒带而多山，日常饮用的水，都取自高出海面160米的一个大湖。平时湖水还干净，阳春一发，雪块融化，拖泥带土而下，卫生当局派员来验，说一声“不好了！”。我想，这又是因为我的活动吧！

水，什么水？是浅水，是山泽，池沼，及一切低地的蓄水。最深不到5尺，又那么静寂，不大流动。我偶尔随着垃圾堆进去，但那儿我是不大高兴久住的。那儿是蚊大爷的娘家，却未必是我的安乐窝。

尤其是在大夏天，太阳的烈焰**照耀**得我全身发昏。我最怕的是那太阳中的“紫外线”，残酷的杀菌

者。深不到5尺的死水，真是使我叫苦，没处藏身了。超过5尺的深水才可以暂避它的光芒。最好上面还挡着一层污物，挡住那太阳！

我又不喜那带点儿酸味的山泽的水，从瀑布冲来了山林间的腐木烂叶，浸成了木酸、叶酸，太含有刺激性了。

如果这些浅水里，含有水鸟鱼鳖的腥气，人粪兽污的臭味，那又是我所欢迎的了。

水，什么水？是江河的水。江河的水满载着我的粮船，也满载着我的**家眷**。印度的恒河就是一条著名的“霍乱”河；法国的隆河也曾是一条著名的“伤寒”河；德国的易北河又是一条历史的“霍乱”河；美国的伊利诺河又是一条过去的“伤寒”河。“霍乱”和“伤寒”，还有“痢疾”，是世界驰名的水疫，是由我的部下和人类暗斗而发生。其间自有一段恶因果，这里且按下不表。

中国的江河，自然也不例外。大的不说，单说上海那一条乌七八糟的苏州河，年年春天、夏天的时候，我天天率着眷属在那河水里洗澡，你们自己没有觉察罢了。

有人说：江河的水能自清。这是**诅咒**我的话意。不是骂我早点儿饿死，就是讥笑我要在河里自杀。我不自尽江河的水怎么会清呢？

然而，在那样肥美的河肠江心里游来游去，好不快活，我又怎肯无端自杀，更何至于白白地饿死。

然而，毕竟河水是自清了。美国芝加哥大学有一位白发苍苍的老教授，曾在那高高的讲台上说过：当他在三十许壮年的时候，初从巴黎游学回来，对于我极感兴趣，曾沿着伊利诺河的河边，检查我菌儿的行动。他在上游看见我是那样神气，是那样热闹，几乎每一滴河水里都围着一大群。到了下游，就渐渐地稀少了。到了欧地奥的桥边，我更没有精神了。他当时心下细思量，这真奇怪，这河里的微生物是怎样地没落了呢？难道河水自己能杀菌吗？

河水于我，本有恩无仇。无奈河水里常常伏着两种坏东西，在**威胁**我的生存。它们也是微生物。我看它们是微生物界的捣乱分子，专门和我做对头。

一种比我大些，它们是动物界里的小弟弟。科学先生叫它们“原虫”，**恭维**它们做虫的“原始宗亲”。我看它们倒是污水烂泥里的流氓强盗。最讨厌的是那鞭毛体的原虫。它的鞭毛，比我的更粗更大，也活动得厉害，只要那么一卷，便把我一口吞吃而消化了。

它的家庭建筑在我的坟墓上，我恨不恨！

一种比我还要小千百倍，很自由地钻进我身子里，去胀破我那已经很紧的细胞，因此科学先生就唤它作“噬菌体”。你看它的名字就已明白是和我作对。它真是小鬼中的小鬼！

水，什么水？是湖水。静静的，平平的，**明净如镜**，树影蹲在那儿，白天为太阳哥拂尘，晚上给月姐洗面，没有船去搅它，没有风去动它，绝不起波纹。在这当儿，我也知道湖上没有什么好买卖，也就悄悄地沉到湖底归隐去了。

这时候，科学先生，在湖面寻不着我，在湖心也寻不出我，于是他又夸奖那停着不动的湖水有自清的能力呀。

可是，游人一至，游船一开，在酣歌醉舞中，瓜皮与果壳乱抛，在载言载笑间，鼻涕和痰花四溅，那湖水的情形又不同了。

水，什么水？是泉水，是自流井的水，是地心喷出来的水。那水才是清。那儿我是不易走得近的。那儿有无数的石子沙砾绊住我的鞭毛，牵着我的荚膜不放行。这一条是水国里最难通行的险路，有时我还冒着险前冲，但都半途落荒了。

水，什么水？是海水。这是又咸又苦的著名的盐水。咸鱼、咸肉、咸蛋、咸菜，凡是咸过了七分的东西，我就有些不肯吃，最适合我胃口的咸度，莫如血、泪、汗、尿，那些人身的水流，如今这海水是纯盐的苦水，我又怎么愿意喝？

不过，海底还是我的第一故乡，那儿有我的亲戚故旧，我曾受着海水几千万年的浸润。现在虽飘游四方，偶尔回到老家，对于故乡的风味，虽然咸了些，也有些流连不忍即去吧。

我在水里有时会发光。所以在海上行船的人，在黑夜里，不时望见那一望无际的海面，放出一闪一闪的磷光，那里面也夹着一星一星我的微光。

我自从别了雨水以来，一路上弯弯曲曲，看见了不少的风光人物：不忍看那残花落叶在水中荡漾，又好笑那一群喜鸭在鼓掌大唱；不忍听那灾民的叫爹叫娘，又叹息那诗人的投江！

五月的东风，
吹来一片乌云，
遮满太平洋的天空。
我到了大海，

观着江口河口的汹涌澎湃。

涌起了中国的怒潮！

冲倒了对岸的狂流！

击破了那翻天的白浪！

洗清了人类的大恨！

……

看到这里，我想，那些大人们争权夺利的大厮杀，和我这微生物小子有什么相干呢？

生计问题

我为生计所迫，从水国上岸，来到土壤、地上、高空，不论风霜雨雪，还是寒冷干湿，我都得不断地流浪，解决我的吃饭问题。

游完了水国，我躺在海洋上，听那波涛的荡漾。仰看白云在**飘游**，我羡慕着它们的自由。

在海天一色的包围中，海风吹起浪花溅，浪花啊！它无力送我上云霄。那海水又太咸了，不中吃。我真觉着有些**苦闷**了。

我只得期待着鱼儿，它会鼓着鳃来吞我。鱼儿要被渔夫捕，我伏在鱼腹里，就有再到岸上的机缘了。到了岸上，我的生活就不致发生恐慌了。

我打算在厨子先生洗鱼肚的时候，一溜就溜到垃圾桶里去。在垃圾桶里，我跟生物社会的接触一多，谋食更不难了。

不幸而溜不过去，那就有混在生鱼粥里，到广东人口中的希望了。总之，我先在那半生半熟的鱼身里偷活，再到那半臭半腥的人肚里寄生。然而，我终于又厌倦了胃肠里的沉闷的生活，痛快地随着大便而出来了。

经过曲曲折折的途径，不久，我和我的家人亲友又都回到土壤的老家团聚。

这里我得补叙一下，在未到岸上之前，那海鱼肚子里的环境，于我有时是不利的，它的消化力太强了。

于是，我又曾趁着潮水的高涨，回到河肠江心，去央求淡水的鱼，顺便又**疏通**了螃蟹、虾、蛤、蚌、螺之类人类所爱吃的水中生物，请它们帮忙提拔。它们也都答应了。当中，蚝似乎和我最有交情。它在污水里每小时一收一放的水量，竟有2升之多。我也就混在那污水里进去，它的螺壳就成为我临时的住宅了。

据说，岸上有很多人，因吃了没有煮熟的蚝，都得了伤寒病啦。那科学先生就又怪我了，说什么蚝之类的生物还是我暗杀人类的秘密机关呢。这我以后当然要**申辩**的，这里不便多啰唆了。

且说，我既从水国回到了土乡，天天又望见那时放异彩的浮云，好不**逍遥自在**，我渴望着和它交游。但那时地上仍是很湿，连我身上的鞭毛，都被泥土所黏，鼓舞不起来，更何能高飞远扬呢？虽有时攀着苍蝇的毛腿出游，那它又是低着头飞，至多也飞不上半里路，就停下来一脚把我踢落在地上了。虽然在地上我是不愁衣食的。

然而我对于天空的幻想，又使我希望秋之来临了。那时天高气爽，尤其是在中国故都的北平（北京的明称之一），和美国中部第一大城密执安湖畔的芝加哥，这两个著名的“灰尘的都市”，一到了秋冬，就刮大风，将沙尘卷入天空，那时我就骑在沙尘身上而高翔了。风力益健，我竟直飘上4000米以上的青天，那**固然**是罕有的事，我也真可以傲飞鸟而笑白云了。

记得19世纪初期，英国的年青诗人雪莱，曾唱着“西风之歌”，他愿意做一朵浪花、一片落叶、一朵白云，躺在西风里任它飘荡去，把他一切的思想、情感、希望都寄托给西风去散播了。我想，我这一次得上青天驾白云，也该感谢风爷的神力啊。

我正在这样想，忽然记起了一件伤心惨目的往事。那就是世界各地的旱灾。

旱灾一来，全生物界都起了恐慌。那时大地涨红了脸，甚至于破裂，生物焦的焦死，饿的饿死，看不见点绿滴青，看见的尽是枯干瘦木，那原因一半由于暴日的**肆虐**，一半由于风爷的发狂。

那风爷也太发狂了，云和雨都被它吹散了，在大旱期间，连西风也不怀好意了。

前几年，我也曾亲见过中国西北那**延绵**三四年的旱灾（指1935—1937年的旱灾），那时狂风忽然吹起漫天的尘沙，天地发昏，在烈日和饥渴的煎迫之下，成千成万的人死了。

有的人还以为地面上堆着这许多的尸体腐物，是我口福的大造化，我可以乘风四游，到处得食了。哪里知道当这大旱临头，我也万分焦急，我虽有坚实的芽孢，可以在空气中苟延性命，也经不起热与干长期的压迫。

地上的干粮虽堆积如山，没有一些儿水汽的浸润，我是吃不动的呀。君不见大沙漠中，哪有我的影踪。

我爱的是湿风，我怕的是热风。

我的小身子又是那样轻飘，我那一粒单细胞还不及一千兆分之一克重。我既上升，就不易下降，终日飘在天空。只有雨雪霜露方能使我再落尘间。罢了，罢了，在大旱天我是受着风爷的欺骗了。

我**凄凉**地度过了冰雪的冬天，到了春风和畅的季节，下界雨量充足，草木茂盛，虫鸟交鸣，生物都欣欣然有喜色。那时，我早已暗恨着天空的贫乏，白云的无聊，思恋着地上的丰饶。于是那善变的风爷又改换了方向来招我下凡了。

我别了白云，下了高山，随着风爷到农村。农村遍地花红叶绿，我逢花采花，逢叶摘叶，凡是吃得动的植物，无所不吃。这也是因为植物的体温和当时空气的温度相去不远，我又新从天空来的，当然先以它们身上为合宜的寄食之所了。

我尤喜那似胶似漆，富有**黏液**的果皮、瓜皮，那潮湿而有皱痕的菜叶、菜管，它们都是我的天然宿舍、旅馆。我的家人亲朋成亿成兆地在这儿过活。

据美国农业部化学局最近的调查，他们代我**估计**了一下，在那含有铁质最高的蒲菜身上，每一克重的分量里面，就有我“菌儿”25万在迅速地生殖着。这不是一个很惊人的数目吗！

我随着风爷而飘游，走遍了五大洲，世界的农村都到过了。小的植物不用说，那我是都光顾到了的。就是抵抗力强盛的大松大柏，它们的风味，我也一一都领略过了。算得出的，在有花植物之部，我曾吃过了66科，150目。在隐花植物之部，就记不清了。

不过，植物之遭我暗算，人类是从来不知道的，以为是它们自己内部的**溃烂**，或专去骂昆虫那些小妖物的恶作剧。

谁知道，有一回，我在法国南部的田园里，大啖葡萄的时候，又被那位多疑的胡子科学先生发觉了。从此他的徒弟徒侄们，就加紧地研究我和植物种种不正常的关系，宣布了我的罪状。于是农民们就痛恨我，说我太不讲情理了，破坏他们的农作物，用药用火，**千方百计**来歼灭我。这真是冤枉。我也是为着生计问题所迫而来呀！吃的都是大自然所分赠的食物呀！它们又没有注定给人类——这个生物的特殊阶级——单独地享用呀！

我在生物界中要算是最不安定的分子了。四方飘游，到处奔流，无非为着自由而努力，为着生活而奋斗。浮大海，吃不惯海水的咸味；居人肚，闷不过小肠的束缚；返土壤，受不住地方的限制；飘上天空，又嫌那天空太空虚了。历尽水旱的苦辛，结识了鱼儿和风爷，最后到了农村，那儿食粮充足，行动比较自由，我自认为是乐土了。难料那自私自利的人类，忽来从中作梗，从此我将永远不得安宁了，唉！

呼吸道的探险

人类和动物的呼吸道对我而言，那可是轻车熟路。一旦时机成熟，我就在灰尘的牵引下，进攻人兽的身体。我从鼻孔进入，再从扁桃体一路厮杀，直到我的目的地——肺。

我在乡村的田园上，仍然过着颠沛流离的生活，处处靠着灰尘的**提携**。

那灰尘真像是我的航空母舰，上面载着不少的游伴。

这些游伴的分子也太复杂了。矿、植、动三大界都有，连我菌物也在内，一共是四色了。

矿物之界，有煤烟的炭灰，有火山的碎片，有海浪的盐花，有陨星的碎粒，还有各式矿石的散沙，都随着大风而远扬。

植物之界，有花蕊、花球的纷飞；有**棉絮**、柳丝的飘舞；有种子、芽孢、苔藻、淀粉、麦片以及各式各样的植物细胞的乱奔狂突。

动物之界，有皮屑、毛发、鸟羽、蝉翼、虫卵、蛹壳以及动物身上一切破碎零星的组织的东颠西扑。

菌物之界，有一丝一丝的霉菌，有圆胖圆胖的酵母，在空中荡来荡去。最后就是我菌儿这一群了。

这是灰尘的大观。这之间以我族最为活跃。我在灰尘中，算是身子最轻，我活动的范围也最广了。

这些风尘仆仆的杂色分子，又像是一群流浪儿，一群迷途的羔羊啊。

我紧牵着这一群流浪儿的手，在天空中奔逐，到处横冲直撞，不顾一切利害。

记得有一回，还是在洪荒时代吧，我正在黑夜的森林中飞游，忽然碰了一个响壁，原来是蝙蝠的鼻子。我在暗中摸索，堕进了它鼻孔的深渊，觉得很柔滑很温暖。但不久，被它强有力的呼吸一喷，就打了几个筋斗出来了。

后来，我冲进它的鼻孔里的机会愈来愈多了。然而，它这一类动物，呼吸道的抵抗力颇强，颇不容易攻陷，它的“扁桃体”也发育得不大完全。

“扁桃体”这东西是“淋巴组织”的结合，淋巴结之一大种。在腭部有腭扁桃体，在咽喉间有咽扁桃体，在小脑上有小脑扁桃体。如此之类的扁桃体，自我闯入动物体内之后，都曾一一碰到了。

动物体内之有“淋巴组织”是含有抵抗作用的。淋巴细胞也就是抗敌的细胞，是白细胞之一种。所以淋巴这草黄色的流液，实富有排除外物的力量呀，我往往为它所驱逐而逃亡。

那么，扁桃体就是淋巴组织最高的建筑物，就是动物体内抗菌的大堡垒了。当我初从鼻孔或口腔进到舌上、喉间的时候，真是**望而生畏**。

后来走熟了这两条路，看出了扁桃体的破绽与弱点。原来它的里外虽有很多抗敌的细胞把守，但它的四周空隙深凹之处可真不少，那里的空气甚不流通，来来往往的食货污物又好在此地集中，留下不少的渣滓，反而成为我藏身避难的好所在了。

我就在这儿**养精蓄锐**，到了有机可乘时，一战而占领了扁桃体，作为攻身的根据地了。于是那动物就发生了扁桃体炎了。

这在人类就非常着急！他们认为扁桃体在人身上有反动的阴谋，和盲肠是一样的下贱东西，无用而有害，非早点儿割弃它不可。

其实人身的扁桃体及其他淋巴结愈发达，尤其是呼吸道的淋巴结愈发达，愈足以表现出人菌战争之烈。

人若得胜，淋巴结则是防菌的堡垒；我若得胜，这堡垒则变成为我的势力区了。

淋巴结，在动物的进化过程中，还是比较新的东西。这是由于我的长期侵略，它们的积极抵抗，相持既久，它们体内就突然发生了这种防身的组织。

我生平对于冷血动物，素以冷眼看待，不似对于温血动物那般地热情，所以我在它们体内游历的时候，也没有见过有什么淋巴结、扁桃体之类的组织，这是因为我很少**侵略**它们的内部器官，我不过常拿它们的躯壳，当作过渡时期的驻屯所罢了。有时还利用它们作为我投奔高等动物身内的天梯或桥梁呢。其中，就以昆虫之类最肯帮我的忙，尤以苍蝇、蚊子、臭虫、跳蚤、身虱、八角虱之流，这些人类所深恶的东西，更喜欢和我密切地合作，这是后话。不过，我如想从鼻孔进攻人兽之身，那还须靠灰尘的**牵引**。

我曾经游遍了普天下动物的身体，只见到鸟类和哺乳类才有淋巴结、扁桃体之类的抗敌组织，而以哺乳类的淋巴结为最发达。到了人，这淋巴结的交通网更繁密了。人原是可以得很多病的动物啊。淋巴结在进化途中实是传染病的一种纪念碑啊。

高空的飞鸟绝不会得肺痨病，它们是常吸新鲜的空气，它们的呼吸道里我是不大容易**驻足**的，因此这条道上的淋巴结也没有它们消化道的肠膜下的淋巴结那样多。

肺痨病虽有鸟、牛、人之分，而关系鸟的部分受害者也只限于鸡鸭之群，人类篱下的囚徒罢了。于是它们呼吸道里的淋巴结，是比飞鸟的增加了。

至于蝙蝠这夜游的动物，好在檐下或树林间盘旋飞舞，我自从那一回碰到了它的鼻子之后，就渐渐地熟悉它的呼吸道里的情形。我见它当初也没有什么扁桃体，后来为了对付我而新添了这件隆起的东西。

由此可见我和动物的呼吸道发生了关系之后，扁桃体及其他淋巴结的地位变得**崇高**而重要了。所以，我在这一章的自传里，特地先记述它们。它们的发生是由于我的刺激，我的行动又以它们为路碑，我和它们的关系是多么密切啊。

我冲进鸟兽和人的鼻孔的机会固然很多，虽然这也要看灰尘的多寡，鸟兽之群及人口的密度如何。

高阔的天空不如山林和草原，农村的广场不如都市的大街，公园不如戏院，贵人的公馆不如十几个人窝在黑暗一间的棚户。总之，人烟愈稠密，人群愈拥挤，我从空中到鼻子，从鼻子又到别的鼻子的机会也愈多了。

我在乡村的田园上飞游之时，生活过于空虚，颇为失意。于是，就趁着乡下人挑担上城的时候，我就附着他的身上，到这飘满浮尘的都市观光来了。

在都市的热闹场所，我的生意极其兴隆。这儿不但有灰尘代我宣扬，还有痰花口沫的飞溅而助我传播了。

从此呼吸道里总少不了我的影子。这条入肺的孔道，我是走得烂熟了。它的门户又是永远开放的。

虽然，婴儿初离母胎的当儿，他的鼻孔和口腔以内，是绝对没有我的踪迹。但经过了数小时之后，我就从空气中一批一批地移民来此垦殖了。

我的移民政策是以呼吸道的形势与生理上的情形来决定的。要看那块地方，气候的寒暖如何，湿度如何，黏膜上有无隙缝深凹之处，氧气的供给是否太多，组织和分泌汁的反应是酸是碱抑是中性，细胞胞衣上的纤毛，它们的活动力是否太强烈了。须等到这些条件都适合于我的生活需要了，然后这曲折蜿蜒海岸线似的呼吸道，才有我立身插足之地啊！

此外，还有临时发生的事件，也足以助长我的势力。如食货和外物的停积，是加厚了我的食粮；如黏膜受伤而破裂，是便利了我的进攻；更有那不幸的矿工，整天呼吸着硅尖，他的肺瓣是硬化了，变成了硅肺，这硅肺是我所最喜盘踞的地方。我家里那个最不怕事的孩子，人们叫它作“痨病菌”的，便是常在这硅肺上生长繁殖，于是科学先生就说，硅肺乃是肺痨病的一种前因。这是矿工受了工作环境的压迫，没有得到卫生的保障，人必先糟蹋了自己的身体，而后我才**有机可乘**，这不能专怪我的无情吧。

在十分柔滑而又崎岖不平的呼吸道里，我的行进有时是如许顺利，而有时又甚**艰险**了。因此，我这一群里，有的看呼吸道如“天府之国”，有久居之意；有的又把它当作牢狱似的，一进去就巴不得快快地出来；又有的则认为是临时的旅舍，可以来去无定。这样地，终主人的一生，他的呼吸道里，我的身影是从不会离开的。

这呼吸道又很像一条自由港，灰尘的船只可以随意抛锚。就我历次经验所知，这条曲曲折折的自由港又可分为里中外三大湾。

里湾以肺为界岸，出去就是支气管、气管、喉。中湾介于口腔与鼻洞之间，是呼吸道和食道的三岔路口，是入肺入胃必经的要隘，**隆肿**的扁桃体就在这里出现，这一湾的地名就叫作“口咽”。“口咽”之上为“鼻咽”，那是外湾的起点了。“鼻咽”之前就是迂曲的鼻洞，分为两道直通于外。

迂曲的鼻洞，我是不大容易居留的，那里时有大风出入，鼻息如雷，有时鼻涕像瀑布一般滚滚而流，冲我出来了。所以在平时，鼻洞里的我大都是新从空气游来的，而且数目也较为不多。我本是风尘的游客，哪配久恋鼻乡呢？何况前面还有森严的鼻毛，挡住我的去路啊！

可是，鼻洞里的气候时时在转变着，寒暖无常，有时会使鼻禁松弛了，我也就不妨冒险一冲，到了鼻咽里来了。

在鼻咽里，我是较易于活动，而能迅速地繁殖着。但，我的繁荣，究竟是受了当地食粮的限制，于是我不得不学侵略者的手段了。这我也是为着生计所迫，而不能不和鼻咽以内的细胞组织斗争啊！

所以，到了鼻咽以后，我的性格就不似从前在空中时那样地浪漫与无聊，真变得泼辣勇猛多了。

由鼻咽到口咽，一路上准备着厮杀，准备着进攻。我望见那红光满目的扁桃体，又瞥见那一开一合的大口，送进一闪一闪的光明，光明带来了许多新鲜的空气。我在这歧路上**徘徊**观望，逡巡不前。久而久之，习惯使我胆壮，我就在口咽的上下，扁桃体的四周**埋伏**，等候着乘机起事。所以在人身，我的菌众与种类，除了盲肠的左右以外，要算以咽喉之间为最多了。

我在呼吸道里进攻的目的地，当然是肺。

那儿有吃不尽的血粮，
那儿有最广阔的地场，
肺尖又脆肺瓣又弱，
我可以长期地繁殖着，
但我在未达到肺脏前，
要尝尽千辛万苦。
一越过了软骨的音带，
突然就遇着诸种危害：
四周的细胞会鼓起纤毛来扫荡我，
两旁的黏膜会流出黏液来牵绊我，

喷嚏，咳嗽，说话，与呼吸又来驱逐我，

沿途的淋巴结满布着白细胞突来捕捉我。

我真是**无可奈何**了。所以在天气好的日子，从咽喉到肺这一条深港是平静无事的，我就偶尔跌进里头去，也没敢多流连呀！

一旦云天变色，气候骤寒，呼吸道里忽然遇着冷风的袭击，我一得了情报，马上就在扁桃体前，召集所有预伏的菌兵菌将，会师出发，往着肺门进攻。

当那时，全咽喉都震撼了。

肺港之役

肺港之役是我此生最值得纪念的大事件。此次战役之所以能大胜，全赖我那三个在肺港里所向无敌的小英雄：流行性感冒杆菌是开路先锋，肺炎球菌、溶血球菌才是真正的刽子手。

肺港之役是我的优胜纪录，是我生平最值得纪念的一件**轰轰烈烈**的大事，是我进攻呼吸道的大胜利。在这胜利的过程中，我几乎征服了全人类，全生物界为之震惊。

虽然，在这之前，我还有许多其他伟大的战绩，但都由于布置不周，我作战的秘密，一一都被科学先生所**揭穿**了。如14世纪横行欧洲的大鼠疫，就是我利用了家鼠与跳蚤攻人皮肤的大胜。如扫荡全世界六次的大水疫，就是我勾结苍蝇与粪水攻人肚肠的大胜。谁知道自19世纪末期以来，科学先生发明了抵抗我军的战略，从此卫生先进的国家都很严密地防范我，我哪里再敢从这两条战线上大规模地进攻人类呢？鼠疫和水疫打得人类如**落花流水**，也是我两番光荣的胜利啊，在以后还要详细地追述，这里不过提一提罢了。

至于肺港之役，是我出奇兵以制胜人类，使聪明的人类摸不着防御我的法门，而**甘拜下风**呀。

自那位胡子科学先生提出了抗菌的口号以来，他的徒弟徒侄等相继而起，用着种种奸巧的计策，在各种患了传染病的病人身上，到处逮捕我。从公元 1874 年，我有一个淘气的孩子，在麻风病人的身上细嚼他的烂皮肉的时候，突然被一位科学先生捕捉了去，此后 25 年之间，欧洲各处实验室里高燃着无情之火，正是捕菌运动最紧张的时期，我的家人亲友被囚入玻璃小塔里的真是**不计其数**。他们（指实验室里的工作人员）用严刑来拷问我，种种异术来威胁我，灌我以药汤，浸我以酸汁，染我以色料，蒸我以热气，无非要迫我现出原形于显微镜之下。

更有所谓“传染病的三原则”是一位著名的德国医生所提出的，他们都拿来作为我犯罪的标准。假如，据他们试验观察的结果，我和某种传染病的关系都符合下面所举的三原则，就判定我的罪状，加我以某种传染病的罪名。我菌儿这一群，平时大家都在一起共同生活，有血大家喝，有肉大家吃，不分彼此，不立门户，也不必**标新立异**地各起名称，大家都是菌儿，都叫作菌儿罢了。这是这一篇自传里我的一贯的主张。而今不幸，多事的科学先生却偏要强将我这一群分门别类，加上许多怪名称，呼唤起来，反而使我觉着怪麻烦的。何况，像我这样多样而又善变的生活方式，若都一一追究起来，我的种类又岂止几千种。这便在命名上不免发生纠纷，成为问题了。

闲话少讲。先谈谈这传染病的三原则吧。

我常听到科学先生说，每一种特殊的传染病，一定都有一种特殊的病菌在**作祟**，所以他们要认清病菌，寻出正凶，而后才可以下手防御，发出总攻击令，不然打倒的若不是凶手，凶手却仍在放毒杀人，病仍是不会好的啊。他们似乎又在讲正义了，并不盲目地加害于我的全体。

那么，传染病的凶手是怎样判定的呢？这要看他们如何检查我那个特殊的淘气孩子的行动了。

他们的第一条原则是：要在每一个得了这特殊的传染病的病者身上，捉到我这行凶的孩子，而且它就捕的地点也应该就是行凶的地点。这就是说，若在其他不相干的地方抓到它，而真正的伤口上反而不能寻获，那证据就有些靠不住了。我这一群来来往往在人身做“过客”的很多很多，自然不可以随意指出一个说它是凶手。要在出事的地点常常发现的才是犯罪嫌疑人。

第二个原则是：这凶手要活生生地捉到，并且把它关在玻璃小塔里面，还能养活它，并且还会一代一代地传种传下去，别的菌种都不许混进来，以免有所假冒，以免**鱼目混珠**，要永远保持那凶手的单独性。若凶手早已死去，或因绝食而自毙，则它的犯罪的情形将何从**考证**？它的真相将何以剖明？

假定凶手是活擒到了，它也能在外界继续地生长，独囚一室，不和异种相混，然而也不能就此判定它是这病的主犯，有时也许是抓错了，也许它不过是帮凶而已，而正凶反而逃脱。怎么办呢？那就要用第三条原则来决定了。

第三条原则就是动物试验。拿弱小的动物作为牺牲品，把那有嫌疑的菌犯注射进这些小动物的体内，如果它们也发生同样的病状，那就是这特殊传染病的正凶之铁证，不能再狡辩了。

我在旁听了之后，不禁**叹服**这位科学先生的英明，他能这样精巧地定计破贼，真是科学公堂上的包拯呵！然而，这使我为着那一批专和人类作对的蛮孩子担心了。

科学先生的**诡计**虽然是厉害，我攻人的计划几乎一一都为他们所破坏了。但是，强中还有强中手，我家里有三个小英雄，就不为他们的严刑所恫吓，就不受这传染病的三原则所审理。肺港之役，我连战皆捷，就是这三位小英雄安排好的巧计，真是难倒了科学先生，他们至今还没有法子可以破除。

我的这三位小英雄，科学先生曾给它们起了传染病的罪名。

第一名，他们说它是猩红热的正凶，叫它作溶血链球菌。

第二名，他们说它是肺炎的主犯，称它作肺炎双球菌。

第三名，他们说它是流行性感冒的祸首，唤它作流行性感冒杆菌。

他们当然是根据传染病的三原则而建议的。然而，我的这三个孩子的行动并不是这么单纯。它们犯案累累，性质又未必皆相同。如第一名，不仅使人发生猩红热，什么扁桃体炎、丹毒、产褥热、蜂窝组织炎之类的疾病，也都是由它而起。我这里所谈的肺港事件，就与它有密切的关系……总之，这三位小英雄在侵略人体时，都是**随机应变**，它们的生活是多方面的。可见这些科学的命名也免不了有些牵强附会了。我们切不可认真，认真了就有以名害实的危险啊。在我的自传里，提起孩子的名称这还是第一遭，所以特地声明一下。

我这三位小英雄，都是最爱吃血的微生物。为了要吃血，它们奋不顾身地往肺港里冲。它们又恐怕遭敌人的暗算，所以常是**前呼后应**地结成联合阵线，胜则同进，败则同退，不但白细胞应接不暇，就是科学先生前来缉凶的时候也迷惑了，弄不清楚哪一个是真正的凶手呀。

当我在扁桃体前会师出发，往着肺门进攻的时候，一路上遇到不少的挫折，我的其他孩子们都在半途战死，独有这三位小英雄，在这肺港里横冲直撞，**所向无敌**。

肺港是一个曲折的深渊，前半段，从咽喉的门户到肺叶的边界，是呼吸道的里湾，肺叶以内分为无数肺泡，这些肺泡便是呼吸道的终点。

我进了肺港之后，若不遇到阻挡，就一直往下滚、滚、滚过了支气管，然后是小支气管，再后是最小支气管。它们像树枝一般渐渐地小下去，渐渐地展开，我也顺着那树枝的形状快快地蔓延起来。一进了肺叶，那管口愈分愈细了。穿过了一段甬道似的肺泡小管，便是空气洞，再进则为空气房，空气洞与空气房合起来便是一个肺泡。新旧的空气就在这儿交换。所以我在途中前后都有大风，冷风推我前进，热风迫我后退。

在肺泡的壁上，满布着血川的支流。心房如大海，血管似江河，血川就算是微血管的化名了。在这儿，我看见污血和新血的交流，我看见血细胞在跳跃，血水在**汹涌澎湃**，我细胞的饿火燃烧起来了。

全肺所有肺泡的面积，胀得满满的时候，约有 90 平方米，这比全皮肤的面积还大了 100 倍。因此在这儿，血川的流域甚广甚长，况且肺泡的墙壁又是那么薄弱，那壁上细胞的纤毛在这儿又都已不见了。到了这里，血川是极容易攻陷的，我吃血是很方便的事了。

为了吃血的方便，我这三个爱吃血的孩子就常常深入肺泡，强占肺房，放毒纵兵，轰炸细胞，冲破血管，与白细胞恶战，与抗毒体肉搏，闹得人肺发硬、作病、流血、出脓，而演变成人身的三大病变——伤风、流行性感冒、支气管炎——一次比一次紧张，一回较一回**危急**。

伤风是我的小胜，流行性感冒是我的大胜，支气管炎是我的全胜。

在人生的旅途中，谁不得过几次或轻或重的伤风呢？在流行性感冒大流行的时期，三人行必有一人被传染，尤其是在1918年至1919年那一次，全世界都发生了流行性感冒的恐慌，我的声势之大真是亘古未有。几个月之间，人类之被害者，比欧战4年死亡的总数还要多。至于支气管炎，那更是人人所难逃免的病劫。人到**临终**的前夕，他的肺都异常虚弱，我的菌众竞来争食，因而他的最后一次呼吸，往往是被支气管炎所割断了。这可见我在肺港之役的胜利，是一个伟大而普遍的胜利。人类是无可奈何了。

伤风是人类**司空见惯**的病了，多不以为意。流行性感冒，你们中国人有时叫它作重伤风。那支气管炎也就可以说是伤风达到最严重的阶段了。他们都只怪风爷的不好、空气的腐败，却哪里知道有我，有我这三个在肺港里称霸的孩子在侵害。

我这三个孩子当中，尤以那被称为流行性感冒杆菌的为最英勇。它在肺港之役是我的开路先锋。它先冲进肺泡里，到了血川之旁去散毒。它并不直接杀人，也不到血液里去游泳，而它的毒素不尽地流到血液里，会使人身的抵抗力减弱了。它却留着刽子手的勾当，给我那后来的两个孩子做。

于是，在伤风病人的鼻咽里，科学先生最常发现它；在流行性感冒病人的痰里，仍常寻得见它；在支气管炎病人的血脓里，则寻见的不是它，只剩下我那两个孩子——肺炎双球菌和溶血链球菌了。

所以，伤风不会杀人，流行性感冒也不会杀人，然而它们却往往造成了杀人的局势，而把死刑的执行交给支气管炎了。

科学先生当初以为我那孩子是流行性感冒唯一的凶手，因此

加它以这样一个沉重的罪名。后来因为它的罪证并不完全，在传染病的三原则上很难通过，就减轻了它的罪，判它为流行性感冒的第二凶手；而把第一凶手的嫌疑，疑惑到比我还要小几千百倍的微生物，所谓“超显微镜的生物”之类的身上了。

科学先生感到这肺港里的三大病变的复杂性了。这使他们的免疫苗的防御不中用，血清的抵抗不见效，预防乏术，治疗亦无法。科学先生也无可奈何了。

自从科学之军**崛起**，我在其他方面进攻人类都节节败退，独有肺港之役，我获得最大的胜利。这是我那三个小英雄之功。

将来的发展如何，我不知道，但因为我在人身有极重大的经济利益，我始终要求人类承认我在肺港的特殊地位，**承认**我的侵略权。

肺港里还有其他的纠纷事件，如肺痨、百日咳、大叶肺炎、肺鼠疫，如此之类，以及要封锁港口的白喉，那都因为性质不大同，都不在此说载了。

吃血的经验

我最爱吃血，可是动物的血液也是有巡逻武装的，想去吃血哪有那么容易。我不仅要想好进攻的策略，还要一天天地等待恰当的时机。

从血川到血河，一路上冲锋陷阵，小细胞和大细胞肉搏，鞭毛和伪足交战，经过无数次的恶斗，终于是我得胜了，**占领**了血河，而人得败血症的病死了。

于是科学先生就板起面孔来，在实验室里，大骂我是穷凶极恶的暗杀党，谋害了宝贵的人命，他们一定要替人类复仇，发明新武器来**歼灭**我。

这不但于我的名声有损，而且连我在生物界的地位都动摇了。我在这一章里是要述明我的立场呢。

中国的古人不是说过吗："民以食为天"。我是生物界的公民之一，当然也以食为天，不能例外。

我的生活从来是很艰苦的。我曾在空中流浪过，水中浮沉过，曾冲过了崎岖不平的土壤，穿过了曲折蜿蜒的肚肠，也曾饿在沙漠上，也曾冻在冰雪上，也曾被无情之火烧，也曾被强烈之酸浸，在无数动植物身上借宿求食过，到了极度恐慌的时候，连铁、硫和碳之类的矿盐，也胡乱地拿来**充饥**，我虽屡受挫折，屡经忧患，仍是不断努力地求生，努力维护我种我族的生存，不屈服，不逗留，**勇往直前**。我无时无刻不在艰苦生活之中挣扎着。我的生活经验，可以算是比一般生物都丰富得多了。我这样地四方奔走，上下飘舞，都是为着吃的问题没有解决呀！

我想，生物的吃，除了一般植物它们所吃是淡而无味的无机盐而外，其他的如动物界中的各分子及植物界中之有特别嗜好者，它们所吃，就尽是别的生物的细胞。它们不但要吃死去的细胞，还要吃活着的细胞。

吃人家的细胞以养活自己的细胞，这可以说是生物界中的一种惯例吧。于是各生物间攘争掠夺互相残杀的事件，层出不穷了。

我菌儿虽是最弱最小的生物，在生物界中似乎是居最末位的，但我对于吃的问题也不能放松！

我几乎是什么都吃的生物，最低贱的如阿米巴的胞浆，最高贵的如人类的血液，我都曾吃过。我虽是被列入植物界，但我所吃，所爱吃的，绝不像植物所吃的那样**寡淡**而没有内容。我的吃是复杂而兼普遍的，我是最能适应环境的生物。

但是，我因感着外界的空虚、寂寞而荒凉，我的细胞时有焦干、冻饿的恐慌，所以特别爱好在动物身上盘桓，尤其是哺乳类的动物，人和兽之群。他们的体温常是那么暖和，他们又能供给我以现成的食料。我在他们的身上，过惯了比较舒适的生活，就老不想离开他们的圈子了。于是我的大部分群众就在这圈子之内无限制地生长繁殖起来了。

人和兽之群，在我看去真是一座一座活动的肉山啊！

我初到人兽身上的时候，看见那肉山上森严地立着疏疏密密的森林似的毛发须眉，又看见散乱地堆着，**重重叠叠**的乱石似的皮屑。我就随便吃了这些皮屑过活，那时我的生活仍然是很清苦的。

后来我又发现肉山上有一个暗红的山洞，从那山洞进去，便是一个弯弯曲曲无底的深渊，那就是人兽的肚肠。肚肠是我的天堂，那儿有来来往往的食货。我就常常混在里面大吃而特吃。但不幸我在洞里又遇到了一种又酸又辣的液汁，我受不住它的浸洗。所以除了我那些走熟这一条路的孩子们以外，我的大部分的菌众都不能冲过去。这天堂仍是一个特殊阶级的天堂啊！

有一回，人的皮肤上忽像火山一般的爆裂了，流出热腾腾、**红殷殷**的浓液。当时我很惊异这东西是从哪里来的呢？后来我在“肺港”里见惯了它，它的诱惑力激发了我的食欲和好奇心。我的细胞就往往情不自禁地跳进它的狂流之中去。我尝了它的美味，从此我对于人兽的身体就抱着很大的野心了。

我虽有吃活人活兽之血的野心，然而这并不是**轻而易举**的事。这也并不是我菌群中全体的欲望。这种侵略人兽的大举有些像帝国主义者的行为，虽然那不过是我族中少数有势有力的少壮细胞所干的事，帝国主义者侵略弱小民族也并不是他们国内全体人民的公意呀。所以你们不要因为我少数的“菌阀”的蛮干，使人类不安，而加罪于我的全体，连我一切有功的事业也都抹杀了。

人类本来都**茫然**不知我在暗中的活动，我的黑幕都是给多疑的科学先生所揭穿的。他们老早就疑惑到我和人兽之血的恶关系了。于是他们就时常在人血、兽血中寻找我的踪迹。因为初生的婴孩，他的肠壁的黏膜还不十分完整与坚实，他们想我到了那里，一定是很容易通行的。又因为在猪牛之类的肌肉和组织里，他们时常发现我。因此他们对于我是更加疑忌了。但是在健康之人的血液里，他们老寻不着我，罪证既不完全，他们就不能决定我会在活血里行凶呀。这是因为在平时血液的**防卫**很严密，我很不易攻入。我就是偶尔到了活血里面，不久也被血液里的守军杀退了。

血液是那样密密地被包在血管里，围在皮肤和黏膜之内，我要侵入血流中，必先攻陷皮肤和黏膜。所以在平时皮肤的每一角落，黏膜的每一处空隙，都满布着我的伏兵，我在那里静候着乘机起事呢。

皮肤和黏膜的面积虽甚广大，处处却都有重兵把守。皮肤是那样坚韧而油滑，没有伤口即不能随便穿过。眼睛的黏膜有眼泪时常在冲洗，眼泪有极强大的杀菌力量，就是把它**稀释**到四万分之一，我还不敢在那里停留。不这样，你们的眼睛将要天天发红起肿了。呼吸道的黏膜又有纤毛，会扫荡我出来。胃的黏膜，会流出那酸溜溜的胃汁，来溶化我。尿道和阴户的黏膜也有水流在冲洗，我也不能长久驻足。此外是鼻涕、痰和唾液之类也都会杀害我。真是除了汗、尿，和人们不大看见的脑脊髓液而外，人和兽之群乃至于一切动物，乃至于有些植物，它们的体内，每一种流液，每一种组织，不都在严防我的侵略，不都有抵抗的力量吗?

至于血，当然了，那是高等动物所共有的最丰富的流体，它的自卫力量更是**雄厚**了。

血，据科学先生的报告，凡体重在150磅左右的人都有7升的血，昼夜不息，循环不已地在奔流着，在荡漾着，在汹涌澎湃着。血，它是略带碱性的流体，我在血水里闻到了“蛋白质”“糖类”和“脂肪”的气味了；我见过了钠的盐、钙的盐的结晶体了；我尝到了“内分泌”和氧的滋味了。

在血的狂流中，我又碰到了各式各样的细胞在**跳跃**着，在滚来滚去地流动着。

我最常遇到的是像车轮似的血细胞，带点青黄的颜色，它的直径只有7.5微米，它的厚度只有2.5微米，它的胞内没有核心，它像一只一只的粮船，满载着蛋白质和脂肪，在我的身旁掠过。我看它那又肥又美的胞体，我的饿火上冲了。我曾听科学先生说过，它的胞体里还有一种特殊的色料，叫作“血色素”，那是最**珍奇**的一种食宝。我远远地就闻见了动物的腥味，那就是从这血色素里所放出来的气味吧。我的少壮细胞爱吃人兽之血，目的也就在它的身上吧。

但我在血的狂流中，又遇到了一群没有色素的细胞了。它们的胞体内却有了核心。那核心的形状又有好多种。有的核心是蛮大的，几乎占满了细胞的全身；有的核心是肾形的；有的核心的形状是凹凸不平的。它们这一群都是我的老对头，我在血中探险的时候，常受着它们的包围与威胁，它们会伸出伪足来抓我。

我又看到了一种卵形无色的小细胞，它有凝结血液的力量，我常被它绑住了。有人说它是白细胞的分解体，叫它作“血小板”。

还有一种一半是蛋白质，一半是脂肪的有色的细粒，科学先生叫它作“血尘”，大约它们就是死去的红细胞的残骸吧。

此外，更奇怪的就是，我在血流中奔波的时候，我的细胞常中途而死，不知是中了谁的暗算，我在后来才知道是所谓“抗体”之类无形的东西在和我作对呀。

血液是我所爱吃的，而血管的防卫是那么周密；红细胞是我所爱吃的，而白细胞的武力是那么可怕，每600粒红细胞就有1粒白细胞在巡逻着，保卫着它们！在这种情势之下，我有什么法子去抢它们来吃呢？我的经验指示我了：

第一要看天时。在天气转变的时候，人兽的身体骤然遇冷，他们皮肤和呼吸道的黏膜都瑟瑟缩缩地发抖起来，微血管里的血液突然退却，在这时候我的行军是较顺利的。或是外界的空气很潮湿，很温暖，我虽未攻入人体的内部，也能到处繁殖，所以在热带的区域，在人兽的皮肤上，常有疔疮、疖子之类的东西出现，那都是我驻兵的营地呀。

第二要看地利。皮肤一旦受了刀伤、枪伤而破裂，我就从这伤口冲入。有时人的皮肤偶为小小的针尖所刺，不知不觉地过了数小时之后，忽然作痛起来，一条红线沿着那作痛的地方上升，接着全身就发烧了，这就是我的先锋队已从这刺破的小孔进攻，而节节得胜了呀。

然而在抵抗力强盛的身体，这是不常有的事。在平时我一冲进皮肤或黏膜以内，血液就如风起潮涌一般狂奔而来，涌来了无数的白细胞，把我围剿了。这就是动物身体发炎的现象，发炎是它们的一种伟大的抵抗力量啊！

但是对于身体虚弱的人，他们的抵抗力是很薄弱的，发炎的力量不足以应付危机。于是我就迅速地在人身的组织里繁殖起来了，更利用了血管的交通，顺着血水的奔流，冲到人身别的部分去了。有时千回百转的小肠大肠，会因食物的阻塞，外力的压迫，而突然破裂，那时伏在肠腔里的我就趁势冲进腹膜里去，又由淋巴结而淋巴管而辗转流到血的狂流中去。这是我由肠壁的黏膜而入于血的捷径。

我又有时在外物与腐体的掩护之下，攻入血中。我伏在外物或腐体里，白细胞和其他的抗菌分子就不能直接和我作战了。例如在人类不知消毒的时代，产妇在生产时的死亡率很高，那就是因为我伏在产妇身上横行无忌的缘故。

第三要看我的群力。我要进攻人身的内部，必须利用菌众的力量。单靠着一粒一粒孤军无援的细胞作战，是不济事的。我必须用大队的兵马来进攻。例如人得伤寒之病，是因为他所吃的食物里，早就有我的菌众伏在那里繁殖了。

第四要看我的战术。我要攻入血管，有时须勾结蚊子、臭虫和身虱之类的吮血虫做我的先驱，做我的桥梁。

第五要看我的武器。我有时又当使用毒素之类凶险的武器。那毒素是屠杀动物细胞最厉害无比的利器。我常伏在人兽之身的一个小角落里施放这毒素。

总之不论用什么法子，从哪一个门户进攻，我的大队兵马一旦冲进了血管里面，占领了血河，在血的狂流中横冲直撞，战胜了白细胞，压倒了抗体，解除了血液的武装，把一个一个红细胞里的血色素尽量地吃光了，那个人的生命就不保了。

人死后，埋了拉倒，我可在那尸体里大餐大宴，那就是我的菌众**庆功论赏**的时候了。

不幸，近来殡仪馆的人，得到了消毒的秘诀，常把尸身浸在杀菌的药水里。又不幸，有些地方的民俗常用火葬，把尸体全烧成灰，那真是我的晦气。我不料在完全侵占了人身之后，竟同趋于灭亡，我的全军覆没了。这也许是人类的焦土政策吧！

乳峰的回顾

一个偶然的机会，我发现乳球竟比血球更好吃。我在乳峰上静待时机，不仅能吃到美味的乳球，还能不费力气就攻入幼小无力的人山，饱暖无忧。后来，人类开始对乳峰消毒，我就不得不转换进攻路线了。

红润而滑腻的肠壁，充满了血腥和乳臭的气味，壁上的黏膜还不十分完整，黏膜里一排一排的上皮细胞还不十分紧连密接，从胃的下口不时流进了一滴滴雪白的乳汁。

这是一个新生婴儿的肠腔。在这样的一个新肠腔里，我是第一个小旅客。我就是伏在那些乳汁里面混进来的啊。

这时候，肠腔里的情形很荒凉，寂寞的空气**笼罩**着我的四周，一点儿杂色的货物也没有，就是流进来的乳汁，一忽儿也都自干了，剩下我，孤单地在肠道彷徨着。

虽然，我知道，不久就会热闹起来，不久将有更多的乳汁流进，含有各种不同性质的食物也会源源而来，那时我的远近亲友，微生物界里形形色色的分子，都会**争先恐后**地齐来垦殖这新开拓的处女地。

然而，目前这婴儿肠腔里的环境，是那么冷落空虚，孤独的心情压迫着我的核心，使我再也不能忍受下去了。曲折蜿蜒的肠子，又不停地在蠕动着，震荡得我几乎要晕倒在它的黏液中了。

在黏液中，我似梦非梦地在独自思念着，想起了无限**缠绵悱恻**的往事。

我想起了占领“人山”的经过。自从我那回攻入她的血管以后，我的生活就非常紧张，没有一刻不在战斗中过日子，而且还有与人同归于尽的危险。于是我不得不去另觅出路了。

我在“人山”上爬行，常望见她的胸前有两座圆而高耸的乳峰，遥遥相对着。我初以为它们是和熄灭了的火山一样，极其平静无事的。我抱着好奇的心理到了那峰口去探望。

我就从这峰口进去，一进去便是一间**萎缩**了的空囊，曾贮藏过什么东西似的。再进就是自来水管似的圆洞，一共有 15 洞至 20 洞之多。愈入愈深，那圆洞也越分越细，最后到了一间最小的空房，便碰了壁，不能再前进了。

我沿途都望见有厚厚薄薄的“结缔组织”，包围着乳洞乳房的墙壁。在那壁上，我又看见有不少的脂肪在填积着。我想，那乳峰之所以会那样肿胖而隆起，大约就是这些结缔组织和脂肪在撑持着吧。可是，有的人山上的乳峰并不怎样高，有时竟萎缩到像平地上的一个小阜而已，那也就是因为脂肪太缺少，结缔组织又都已退化了吧。

我陡然地，又在那些结缔组织里面，发现了神经的支末，发现了动脉和静脉的血管、微血管，以及淋巴管之类的东西在跳动着。我想，神经和血管都派有代表在这儿驻扎，那不久一定就会发生大变动呀。于是我就静伏在乳峰的四周，不时又爬到那峰口里去**窥探**，打听有什么消息。

许久，许久，一点儿动静也没有。那人山却一天比一天长大起来了，山地上涌出的油和汗也加多了，那两座乳峰总是那么沉寂。我失望了。我就离开了这人山，又飘到了别的人山去视察了。

我这样地辗转流徙，到过了不少的人山，登上了不少的乳峰，最后我来到了一座丰满而肥大的人山，那山上的乳峰也格外高耸而膨胀，我觉着有些异样，忽然如地震一般，那人山动荡得非常厉害，又如雷响一般，哇的一声，什么东西坠地了。

我惊慌了，我疲乏了，我昏然地跌倒在那散满了油汗的山地上。过了几个时辰，我正**懒洋洋**地躺在那儿休息，忽然一盆温水似的，从上头浇下来，我的细胞浑身都透湿了。我周围一看，望见像山巅积雪融化了似的，**白茫茫**的乳汁，从那峰口涌出，滚滚而下。

在那白茫茫的乳汁里，我遇见了不少的小乳球，不少的珍物奇货，都是脂肪、糖、蛋白质之类的好东西，都是我的顶上等的食品，我真喜出望外了。

脂肪之类，有“液脂”“软脂”“磷脂”等等，都非常可口。

糖之类，就有那著名的“乳糖”，我所爱吃。

蛋白质之类，有干酪素、乳球蛋白、胆脂素、尿素、肌肉素等等，都是不可多得的。

此外，还有酵素，还有无机盐，还有其他零星的小东西，如药料、香料等等，数也数不清了。

有这样多、这样美的食品，装在一颗一颗的小乳球里，在白茫茫的乳汁中荡漾着，我可以大吃特吃了。

我吃过了乳球，觉得它比血细胞更好吃，而且乳汁里没有白细胞在巡逻着，没有抗体在守卫着，虽也有一点儿杀菌的力量，可是**薄弱**得很，那我是不必怕的。况且乳汁又不像血液那样密密地包封在血管里面，它始终是要公开地流露在外界的。好了，那我要吃乳球是很方便的事了。

然而，真奇怪，这么多的乳球和乳汁是从哪里跑出来的呢？好奇的心理又引我重新爬进那峰口里去**探视**。

这时候，萎缩的孔囊已经高涨起来了。乳洞乳房里，都涨满了乳汁。结缔组织已经大大地减少了。乳房壁上的细胞，一个个都异常地活跃。我看见有几粒立方形的细胞，正在渐渐地拉长，变成了圆柱形了，在它的一头，一点一点的油点，不停地在涌出。这些油点，积少成多，不久就结成了一颗大得可观的乳球，比我的身子要大了好几倍。这些乳球，又愈聚愈广，出了乳峰之口，就如喷水池一般**倾泻**而下了。

我记得，当我在血河里抢吃红细胞的时候，似乎并未曾遇见过干酪素和乳糖之类的东西。显然地，这些罕见的东西，是乳球所特有，是乳房壁上的细胞自己制造出来的。不但如此，就是乳汁里的脂肪，它的内容，也和血液里的脂肪有些不同；

就是乳汁里所含的各种无机盐的成分，和血液里所含的无机盐的成分也不一样。这样看来，在内容上，乳汁比血液是更复杂、丰富而精美了。

然而乳汁，在原料上，无疑地还是来源于血液，还是红细胞代它运送来的。那么，血管与乳房之间是有路可通了。

我在血河里，正苦于没有正当的出路，到了没有法子的时候，也只得随着眼泪、汗水、尿液、鼻涕、唾液、痰之类人们所厌弃的流液而出奔，不然人山一旦崩溃，我将随着它的尸身，又回到我的土壤故乡去了。这是我所不愿意的。

我一生最大的希望，最有野心的企图，就是征服人山，尤其是幼小无力的人山，开拓我的新殖民地，使我族可以无限制地繁殖下去。现在我既发现了这乳峰里的秘密，我可以布置新的交通网了。

我可以从血管里冲进乳房，在乳囊里集中，在乳峰口会合出发，一喷就喷到婴儿口里去了。我知道乳汁未来的环境是非常温暖而舒适的，在它的浸润中，我绝不至于冻饿，一到了婴儿的肚肠里，更是饱暖无忧了。

然而，人到底是爱干净的动物，现代人的母亲更加讲究了。在哺乳之前，必有一番清洁的准备，用硼酸水或用酒精来洗刷她的乳峰，在这种消毒力量的威胁之下，伏在乳峰四周的我早已四散逃避了。

然而，我有一群淘气的孩子们会从血管里冲过来，预先和乳汁混在一起，有荚膜的鼓起它们的荚膜，有鞭毛的舞着它们的鞭毛，怒气冲冲地，预备一出去，一踏上婴儿的食道，就大显身手。不幸，这消息已被科学先生所侦察到了。讨厌的科学先生就大肆提倡什么验血验乳的勾当。什么“梅毒反应”，什么“结核菌素反应”之类，都是故意与我为难，禁止我再入婴儿的口，绝我求生之路，我真愤恨极了。

人山上的戒备既是这样严密，我的这一个侵略婴儿的计划，算是失败了，于是我又有占领“牛山”“羊山”的乳峰作为攻人的根据地的企图。

其实，大如老虎狮子，小如兔儿鼠子，哪一个哺乳类的动物，它的乳峰上没有我的踪迹？正因为牛和羊的乳汁，是被人类夺去了作为日常的饮料，这些乳汁到了人口之前，不知要经过多少的曲折，多少的跋涉，这期间，我就有机可乘，所以我特别爱好在它们的乳峰上**盘桓**，等候着机会的来临，等候着乳峰的开放。

在牛山上的乳峰开放了以后，我的菌众就纷纷地争来求食了。

有的从牛粪里飞上了牛山，又由牛山**辗转**而来到了乳峰之下，有的从牧场上的灰尘泥土奔来，有的从摄乳的人的手指、喉咙里、衣服上送来，又有的就预先伏在乳桶、乳锅、乳瓶、乳杯里等候了。从乳峰到人口，凡是乳汁游行所必经之路，一站一站莫不有我的军队，在黑暗里埋伏着。

乳汁来了，它把乳峰内外四周的菌众，都冲到乳桶里去了。乳汁是最适合我的胃口的**滋补**品，于是我的菌众在那儿迅速地繁殖起来了。

所有普通没有消毒过的牛乳，一到了人口，已满载着我的菌众，我的菌数之多，实足以惊人，为卫生家所嫉视，科学先生为了这问题，更担心了。他们曾费了一番苦心来研究。据他们的报告，在一切饮用的流液之中，我的数目，当以牛乳里所含为最多。于是他们就定下了一种检查牛乳的法规，要加我以限制。我吃牛奶而已，与他们有什么相干，难道人可夺母牛之乳而饮，就不许我在奶汁里沾一点儿光吗？

我到了乳汁里之后，就择所好而吃，牛乳的成份本来也和人乳一样丰富，不过它的“干酪素”较多，它的乳糖、它的脂肪则较少罢了。

我吃了乳糖，把它化成乳酸，这样含有乳酸气味的酸牛奶，常为欧美人士所喜吃，说是有助于消化，可以治胃肠的病，可见我的生活过程，对于人类，不全是有害，有时还有很大的好处，这酸牛奶的功用便是一个好例子。以后我还要举出许多别的例子来，这里不再**唠叨**了。

有时我吃了乳糖，不但产酸，而且产气，所产的酸，又不是乳酸，而是带点儿苦味的醋酸，那牛乳人就不肯吃了。

我在乳汁中，又会放出两种“酵素”：一种有分解“干酪素”的力量，一种会破坏其他的蛋白质。那乳汁就会先**凝结**成乳块，再化成清清的乳水了。

至于乳汁里的脂肪，我也常吃，吃了就把那脂肪“碱化”了，使那乳汁又变成黄黄的透明之水了。

在上述这些情形之中，在我大吃特吃之后，乳汁都发生了重大而显露的变化，人眼可望而见，人鼻可嗅而知，人口可拒之而不饮，就不至于发生什么变故了。

然而有时牛山上的情形很**恶劣**，山谷里尽是乌烟瘴气，我的一群淘气的孩子们已在山里东冲西突，乱抢乱劫，它们一得到乳峰开放的消息，一定会狂奔而来，混在乳汁里捣乱。呀！在我的菌众中，它们是最刁滑无比的一群，它们可以不动声色地偷偷地在那里吃乳。它们吃过了之后，那乳汁也不会发生任何变化，人不知不觉地若吃了这样的乳汁，那才危险哩。

就这样，我的这一群野孩子就随着乳汁深入到人身的内地去了。由于它们行凶的结果，所造成的不幸事件就有结核、伤寒、副伤寒、痢疾、白喉、猩红热、脓毒性的喉痛，乃至于“布鲁氏菌病”之类的疫病。不知什么时候这消息又被科学先生的情报处所侦知了。于是在人山的食洞里，在乳汁所走过的路途上，在牛山的乳峰里，他们就大肆**搜捕**我的菌众，我的儿孙们无辜而被牵连入狱者不计其数。

最后，科学先生得到了完全的罪证，他们才知道，这些从乳汁所传染来的疫病，都是我那一群淘气的孩子所干的事，和我普通的菌众无干。

他们又发现了我的孩子们的弱点。我那些淘气的孩子们，都是顶怕热的微生物，热一过了60℃(140 °F)，经过了20分钟之久，它们就要死尽了，而其他与人无害的菌众，则仍可以在这热度中偷生。

所以在今日，牛奶的**消毒**，都是根据了这个原理。他们似乎是顾全了我全体的生命，不用蒸煎的法子来歼灭我的全部，而其实他们是为着自己的利益，因为牛奶一经煮开，它的营养就会损坏了不少呀。

我听说，这种消毒法，又是那位胡子科学先生所想出来的花样，他真处处和我为难。唉，那胡子，他真是我的老对头！

食道的占领

谋食，最便捷的途径就是到动物的食道里去。而且，据我多年经验，人类的食道是环境最好，最丰腴的。我从口中而入，最后从肛门排出，这是一段漫长而又艰辛的历程。在这个过程中，我们会遭遇到哪些抵抗呢？

食的问题真够复杂而矛盾的了。

除了无情的水、无情的空气、无情的矿盐之外，一切生命的**原料**，都是有情的东西，都是有机体，都是各种生物的肉身。

地球上各种生物，都有吃东西的资格，也都有被吃的危险。不但大的要吃小的，小的也要吃大的。不但人类要宰鸡杀羊，寄生虫也要拿人血人肉来**充饥**。这不是复仇，不是报应，这是生物界的一贯政策，生存竞争。

在生物界中，我是顶小顶小的生物，我要吃顶大顶大的东西，不，我什么东西都要吃，只要它不毒死我。一切大大小小的生物，都是我吃的对象。因此，我认为我谋食最方便的途径，就是到动物的食道中去追寻。我渺小的身体，哪一种动物的食道去不得？

为了食的追求，我曾走遍天下大小动物的食道。在平时，我和食道的老板，都能相安无事。我吃我的，它消化它的。有时，我的吃，还能帮助它的消化呢。牛羊之类吃草的动物，它们的肚肠里若没有我在帮助它们吃，那些生硬的草的生硬的纤维素，就不易消化啊。

虽然，有些动物的食道，我是不大愿意去走的。蝎儿的肠腔我怕它太阴毒，某种蠕虫的肚子我嫌它太**狭窄**。北极的白熊，印度的蝙蝠，它们的食道里，我也很少去光顾，我是受不了不良环境与气候的威胁呀！

我到处奔走求食，我在食道里有深久的阅历，我以为环境最优良、最**丰腴**的食道，要推举人类的肚肠了。这在前面我已宣扬过了：

人类的肚肠，是我的天堂，
那儿没有干焦、冻饿的恐慌，
那儿有吃不尽的食粮。

人类这东西，也是最贪吃的生物，他的肚子，就是弱小动植物的坟墓，生物到了他的口里，都早已一命呜呼了。独有我菌儿这一群，能偷偷地渡过他的胃汁，于是他肠子里的积蓄，就变成我的粮仓食库了。在消化过程中的菜饭鱼肉，就变成为我的沿途食摊了。在这条大道上，我一路吃，一路走，冲过了一关又一关，途中风光景物，真是**美不胜收**，几乎到处都拥挤不堪，我真可谓饱尝人中的滋味了。虽然，我有时也曾厌倦了这种贵族式的油腻的生活，就巴不得早点儿溜出肛门之外呀。

然而，在平时，我的大部分菌众，始终都认为人类的肠腑是我最美满的乐土，尤其是在这人类称霸的时代，地球上的食粮尽归他所统治，他的食道，实在是食物的大市场，食物的王国啊。我若离开他的身体再到别的地方去谋生，那最终是要使我失望的啊。

这种道理，我的菌众似乎都很明白，因此，不论远近，只要有机可乘，我就一跃而登人类的大口。这是占领食道的先声。

在他的大口里，就有不少的食物的渣滓皮屑，都是已死去的动植物的细胞和细胞的附属品，在齿缝、舌底之间填积着，可供我浅斟慢酌，我也可以兴旺一时了。然而，我在大口里，老是站不住脚的。唾液如温泉一般地滚流不息，强盛的血液又使我战栗，吞食的动作又把我卷入食管里面去了。不然的话，我一旦得势，攻陷了黏膜，那张堂皇的大口，就要臭烂出脓了。

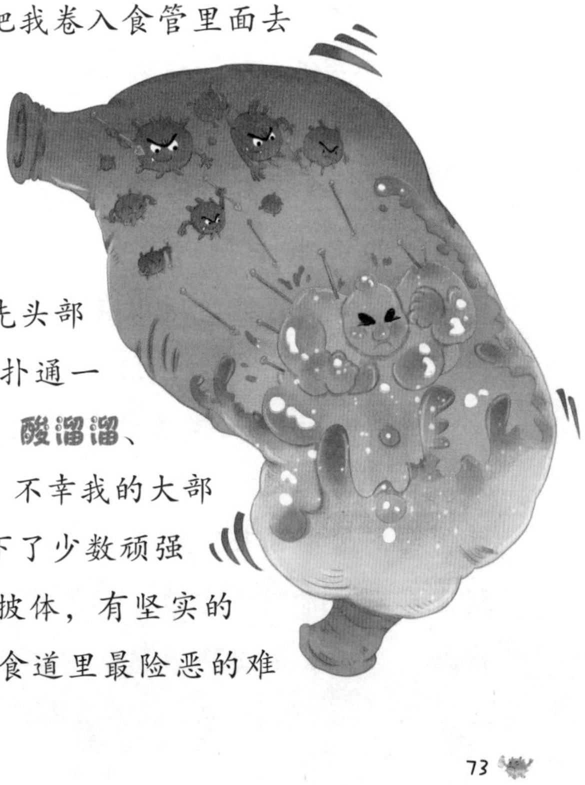

到了食管，顺着食管动荡的力量，长驱直入，我的先头部队，早已进抵胃的边岸了。扑通一声，我堕入黑洞洞、热滚滚、酸溜溜、毒辣辣的胃汁的深渊里去了。不幸我的大部分菌众都白白地浸死了。剩下了少数顽强的分子，它们有油滑的荚膜披体，有坚实的芽孢护身，一冲都冲过了这食道里最险恶的难关，安然达到胃的彼岸了。

有的人，胃的内部受了压迫，酿成了胃细胞怠工的风潮，胃汁的产量不足，酸度太淡，消化力不够强，我就不怕他了，就是从来渡不过胃河的菌众，现在也都**踉跄**地过去了。

有的时候，胃壁上陡地长出一个团团的怪东西，是一种畸形的、多余的发育，科学先生给它一个特殊的名称叫作“癌”。“癌”，这不中用的细胞的大结合，我就毫不客气地占领了它，作为我攻人的特务机关了。

一越过了有皱纹的胃的幽门，食道里的景色就要一变，变成了重重叠叠的，有“绒毛”的小肠的景色了。酸酸的胃汁流到了这里，就渐渐地减退了它的酸性。同时，黄黄的胆汁自肝来，清清的胰汁自胰腺来，黏黏的肠汁自肠腺里涌出，这些人体里的液汁，都有调剂酸性的本能。经过了胃的一番消化作用的食物，一到小肠，就渐渐成为中性的食物了。中性是由酸入碱必经的一个阶段。在这个阶段里，我就敢开始我吃的劳作了。

不过，我还有所**顾忌**，就是那些食物身上还蕴蓄着不少的“缓冲的酸性”，随时都会发生动摇，而把大好的小肠，又有变成酸溜溜的可能。所以在小肠里，我的菌众仍是不肯长久居留，我仍是不大得意的啊！

蠕动的小肠，依照它在食道里的形状，和它的绒毛的式样，可分为三大段。第一段是十二指肠，全段只有十二个指头并排在一起那么长，紧接着胃的幽门。第二段是空肠，食物运到这里，是随到随空的，不是被肠膜所吸收，就是急促地向下推移。第三段是回肠，它的蜿蜒曲折千回百转的路途，急煞了混在食物里面的我，我的行动是受了影响了，而同时食物的大部分珍美的滋养料，也就在这里，都被肠壁的细胞提走了。

我辛辛苦苦地在小肠的道上，一段一段地推进，一步一步地我的胆子壮起来了。不料刚刚走到了环境的酸性全都消失的地方，好吃的东西，出其不意地，又都被人体的细胞抢去吃了。我深恨那肠壁四周的细胞。

小肠的曲折，到了盲肠的界口就终止了。盲肠是大肠的起点。在盲肠的小角落里，我发现了一条小小的死巷堂，是一条尾巴似的突出的东西，食物偶尔坠落进去，就不得出来。我也常常占领了它作为攻人的战壕，因此人山上就发生了盲肠炎的恐慌。

到了大肠了。大肠是一条没有绒毛的平坦大道，在人山的腹部里面绕了一个大弯。已经被小肠榨取去精华的食物，到了这里，只配叫作食渣了。这食渣的运输极其迟缓，愈积愈多，拥挤得几乎透不过气。我伏在这食渣上，顺着大肠的趋势，慢慢往上升，慢慢横着走，慢慢向下降，过了乙状结肠，到了直肠，这是食道里的最后一站，就望见肛门之口，别有一番天地了。

食渣一到了大肠的最后一段，一切可供为养料的东西，都已被肠膜的细胞和我的菌众洗劫一空了，所剩下的只是我无数万菌众的尸身和不能消化的残余，再染上胆汁之类的彩色，简直只配叫作屎。屎这不雅的名称，倒有一点儿写实的意思呀。

多事的科学先生，曾费了一番苦心去研究屎的内容，他们发现了屎的总量的1/4至1/3都是尸，尸就是指我而言。据说，我的菌群，从成人的肛门口所逃出的，每天总有8克重量，真不算少，估计起来，约有128 000 000 000 000 000 000之多的菌尸。128之后，又拖上了18个零，这数字是多么惊人。由此可以想见大肠里的情形是如何热闹了。

然而，在十二指肠的时候，我新从死海里逃生，我的神志，犹昏昏沉沉，我的菌数，殆**寥寥无几**，这些大肠里异常热闹的菌众，当然是到了大肠之后才繁殖出来的。我的先头部队，只须在每一群中，各选出几位有力的代表，做开路的先锋，以后就可以**生生世世**坐在肠腔里传子传孙了。

在我的先头部队之中，最先踏进肠口的，是我的一个最可疼的孩子。它是一员不怕酸的健将，它顶顶爱吃的东西就是乳酸。它常在乳峰里鬼混，它混在乳汁里面悄悄地冲进婴儿的食道里来了。在婴儿寂寞的肠腔里，感到孤独悲哀而**呻吟**的，就是它。它还有一位性情相近的兄弟，那是从牛奶房里来的，也老早就到人山的食道里了。

在婴儿没有断乳以前的肠腔，这两弟兄是出了十足的风头，红极一时的。婴儿一断了乳，四方的菌众都纷纷而至，要求它俩让出地盘。它们一失了势，从此就沉默下去了。

这些后来的菌众之中，最值得注意的，是我的两个最出色的孩子，这两个都是爱吃糖的孩子。它们吃过了糖之后，就会使那糖发酵。发酵是我菌儿特有的技能。为了发酵，不知惹出了多少闲气来，这是后话不提。

这两个孩子，一个就是**鼎鼎大名**的“大肠杆菌”，看它的名字，就晓得它的来历。它的足迹走遍了天下动物的肚肠，只有鱼儿、蛤儿之类冷血动物的肠腔，它似乎住不惯。科学先生曾推举它做粪的代表，它在哪儿，哪儿便有沾了粪的嫌疑了；那另一个，也有**游历**全世界肚肠的经验。它身上是有芽孢的，它的旅行就更顺利了。不过，它有一种怪脾气，好在黑暗没有空气的角落里过日子，有新鲜空气的地方，反而不能生存下去。这是“厌氧菌”的特色。肚肠里的环境，恰恰适合了这种奇怪的生活条件。

我的孩子们有怪脾气的很多，还有一个，也在肚肠里谋生。它很淘气，常害人得“破伤风”的大病，在肠腔里，它却不作怪。你们中国北平工人的肠腔里，就收留了不少它的芽孢。这大概是由于劳苦的工人多和土壤接近吧！我的这个孩子本来伏在土壤里面。尤其是在北平，大风刮起漫天的尘沙，人力车夫张着大口喘息不定地在奔跑，它的机会就来了。

其实，我要**攀登**人山上食道的机会，真多着哪！哪一条食道不是完全公开的呢？我的孩子们，谁有不怕酸的本领，谁能顽强抵抗人体的攻击，谁就能一堑一堑冲进去了。在这人山正忙着过年节的当儿，我的菌众就更加活跃了。

我虽这样地占领了食道，占领了人类的肚肠，仍逃不过科学先生灼灼似贼的眼光。有时人们会叫肚子痛，或大吐大泻，于是他们的目光，又都射到我的身上了，又要提我到实验室审问去了。那胡子的门徒又在作法了，号称天堂的肚肠，也不是我的安乐窝了。哎！我真晦气！

肠腔型的会议

我的菌族中，经常在动物的肠腔里居住着的主要有八大群，它们各有不同的外形特点和喜好。八大菌种并非全是对人类有害的，有些对人类很有帮助呢。

崎岖的食道，纷乱的肠腔，
我饱尝了“糖类”和“蛋白质”的滋味。
我看着我的孩子们，一群又一群，
齐来到幽门之内，开了一个盛大的会议，
有的鼓起芽孢，有的舞着鞭毛，
尽情地欢宴，
尽量地欢宴。
天晓得，乐极生悲，好事多磨，
突然伸来科学先生的怪手，
我又被囚入玻璃小塔了。
无情之火烧，**毒辣**之汁浇，

我的菌众一一都遭难了。

烧就烧，浇就浇，我是始终不屈服！

他的手段高，我的菌众多，我是永远不屈服！

这肠腔里的会议是值得纪念的。

这肠腔里的“菌才”是济济一堂的。

从寂寞婴儿的肠腔，变成热闹成人的肠腔，我的孩子们，先先后后来到此间的一共有八大群，我现在一群一群地来介绍一下罢。

俨然以大肠的主人翁自居的“大肠杆菌”；酸溜溜从乳峰之口奔下来的“乳酸菌”；以不要现成的氧气为生存条件的“厌氧菌”；这三群孩子我在前一章已经提出，这里不再啰嗦了。其他的五大群呢？其他的五大群也曾在肠腔里兴旺过一时。

第四群，是“链球儿”那一房所出的，它的身子是那样圆圆的小球儿似的，有时成串，有时成双，有时单独地出现。科学先生看见它，吃了一惊，后来知道它在肚子里并不作怪，就给它起了一个绰号，叫作“吃屎链球菌”。链球菌这三字多么威风！这是承认它是肺港之役曾出过风头的“吃血链球菌”的小兄弟了。而今乃冠之以“吃屎”，是笑它的不中用，只配吃屎了。我这群可怜的孩子，是给科学先生所侮辱了。然而这倒可以反映出它在肠腔里的地位啊！

(笔记先生按：最近有一位姓朱的大将军，据说因为打补血针的时候不当心，血液中毒，得了败血症而死了。那闯进他的血管里面，屠杀他的血细胞的凶手，就是那著名的吃血链球菌呀！而那吸血的“链球菌”，它有时也会被吞到肚子里去，不过，肚子里的环境是不容许它有什么暴动的，所以在肚子里它反不如它的小兄弟——吃屎链球菌那样**活跃**。这在菌儿家族里它是不好意思直说出来的啊。)

第五群，是“化腐杆儿”那一房所出的，它的小棒儿似的身体，蛮像“大肠杆菌”，不过，它有时变为粗短，有时变为细长，因此科学先生称它作“变形杆菌”。它浑身都是鞭毛，因此它的行动极其迅速而活泼。它好在阴沟粪土里盘桓，一切不干净的空气，不洁净的水，常有它的踪迹。它爱吃的尽是些腐肉烂尸及一切腐败的蛋白质，它真是腐体寄生物中的小霸王。它在哪儿发现，哪儿便有腐臭的嫌疑。它闻到了这肠腔里臭味冲天，料到这儿有不少腐烂的蛋白质在**堆积**着，因此它就混在剩余的肉汤菜渣里滚进来了。

在肠腔里，它虽能安静地干它化解腐物的工作，但它所化解出来的东西，往往含有一点儿毒质，而使肠膜的细胞感到不安。科学先生疑它和胃肠炎的案件有关，因此它就屡次被捕了。如今这案件还在争讼不已，真是我这孩子的不幸。

第六群，是“芽孢杆儿”那一房所出。也是小棒儿似的样子，它的头上却长出一颗**坚实**的芽孢。它的性儿很耐，行动飞快。它的地盘也很大，乡村的土壤和城市的空气中，都寻得着它。它爱喝的是咸水，爱吃的是枯草烂叶。它也是有名的腐体寄生物，不过它寄生的多数都是植物的残肢，因此科学先生呼它作枯草杆菌。它大概是闻知了这肠腔里有青菜萝卜的气味，就紧抱着它的芽孢，而飘来这里借宿了。有那样坚实的芽孢，胃汁很难浸死它，它这一群冲进幽门的着实不少呵。

在新鲜的粪汁里，科学先生常发现一大堆它的芽孢。它又常到实验室里去偷吃玻璃小塔中的食粮，因此实验室里的掌柜们都十分讨厌它。但因为它毕竟是和平柔顺的分子，在大人先生的肚子里并没有闹过乱子，科学先生待它也特别宽容，不常加以逮捕。这真是这吃素的孩子的大幸。

第七群，是“螺旋儿”那一房所出。它的态度有点儿不明，而使科学先生狐疑不定。它一被科学先生捉了去，就坚决地绝食以反抗，所以那玻璃小塔里，是很难养活它的。后来还亏东方木屐国有一位什么博士，用活肉活血来请它吃，它的真相乃得以大明。它的像螺丝钉一般的身子，弯了一弯又一弯，真是在高等动物的温暖而肥美的血肉里娇养惯了，一旦被人家拖出来，才会那样难养。大概我的孩子们过惯了人体舒适的生活的，都有这样古怪的脾气，而这脾气在螺旋儿这一群，是显得格外厉害的了。

虽然，我这螺旋儿，有时候因为寻不着适当的人体公寓，暂在昆虫小客栈里借宿，以昆虫为“中间宿主”。在形态上，在性格上本来已经有“原生动物”的嫌疑的它，更有什么“中间宿主”这秘密的勾当，愈发使科学先生不肯相信它是我菌儿的后裔了。于是就有人居中调停了，叫它作“螺旋体”，说它是生物界的中立派，跨在动植物两界之间吧。这些都是科学先生的事，我何必去管。

我只晓得，它和我的其他各群孩子们过从很密。在口腔里，在牙龈上，在舌底下，我们都时常会见面。在肠腔里，我们也都在一块儿住，一块儿吃，它也服服帖帖的并不生事。要等它溜进血川血河里，这才大显其身手，它原是血水的强盗。不过它还有一所秘密的巢窝，是人间所讳言的神秘之窟。其实，那有什么了不起呢？我一生成功的秘诀，就在生殖得快而且多呀！正因为人类的生殖器，多为庄严的礼教所软禁，迫得愚夫愚妇**铤而走险**，这才闹出花柳病的乱子了。于是人类生殖器便成为这螺旋儿的势力区了，不然，它也只好平心静气地伏在肠腔里养老呀。

第八群，是"酵儿"和"霉儿"。它们并不是我自己的孩子，而是我的大房二房兄弟所出的，算起来还是我的侄儿呢。它们都是制酒发酵的专家。不过它们也时常到人类肚子里来游历，所以在这肠腔里集会的时候，它也列席了。

那酵儿在我族里算是较大的个子，它那像小山芋似的胖胖的身子是很容易认得的。它的老家是土壤，它常伏在马蜂、蜜蜂之类的昆虫的脚下飞游，有时被这些昆虫带到了葡萄之类的果皮上。它就在那儿繁殖起来，那葡萄就会变酸了，它也就是从这酸葡萄、酸茶之类的食物滚进人山的口洞里来了。酒桶里没有它，酒就造不成，这件事中国的古人早就知道了，不过看不出它是活生生的生物罢了。它的种类也很多，所造出来的酒也各不相同。法国的酒商曾为这事情闹到了胡子科学先生的面前。

那霉儿，它的身子像游丝似的，几个、十几个细胞连在一起。它是无所不吃的生物，它的生殖力又极强，气候的寒热干湿它都能**忍耐**过去，尤其是在四五月之间毛毛雨的天气里，它最盛行了。因此它的地盘之大，我们的菌众都比不上它。它有强烈的酵素，它所到的地方，一切有机体的内部都会起变化，人类的衣服、家具、食品等东西都能它毁损了。然而它的发酵作用并不完全有害，人类有许多工业都靠着它来**维持**呢。

关于这两群孩子的事实还很多，将来也要请笔记先生替它立传，我这里不过附带声明一声罢了。

以上所说的八大群的菌众，先后都赶到大肠里集会了。

“乳酸儿”是吃糖产酸那一房的代表。

“大肠杆儿”是在肠子里淘气的那一房的代表。

“厌氧儿”是讨厌氧气那一房的代表。

“吃屎链球儿”是球族那一房的代表。

“变形杆儿”是吃死肉那一房的代表。

“芽孢杆儿”是吃枯草烂叶那一房的代表。

“螺旋儿”是螺旋那一房的代表。

“酵儿”和“霉儿”是**发酵**造酒那两房的代表。

这八群虽然不足以代表大肠的全体菌众，但是它们是大肠里最活跃、最显著、最有势力的分子了。

在以前几章的自传里，我并没有谈到我自己的形态，在本章里我也只略略地提过。那是因为你们这些没有福气看到显微镜的大众，总没有机会会见我，我就是描写得非常**精细**，你们的脑袋里也不会得到深刻的印象啊。在这里，你们只须记得我的三种外表的**轮廓**就得了：就是球形、杆形和螺旋形三种啊。

还有芽孢、荚膜、鞭毛也是我身上的特点，这里我也不必详细去谈它。

然而，我认为你们应当格外注意的，就是我在大肠里面是怎样的吃法，这和你们的身体很有利害关系啊。

我这八群的孩子，它们的食癖，总说起来可分为两大党派：一派是吃糖，糖就是碳水化合物的代表；一派是吃肉，肉是蛋白质的代表。

它们吃了糖就会使那糖发酵变酸。

它们吃了肉就会使那肉化腐变臭。

这酸与臭就是我的生理化学上的两大作用呀。

然而大肠里蛋白质与碳水化合物的分布是极不平均的。和尚、尼姑的大肠里大约是糖多，阔老、富翁的大肠里大约是肉多。

糖多，我的爱吃糖的孩子们，如乳酸儿之群，就可以勃兴了。

肉多，我的爱吃肉的孩子们，如变形杆儿之群，就可以繁盛了。

乳酸儿**勃兴**的时候，是对你们大人先生的健康有益的，因为它吃了糖就会产出大量的酸。在酸汁浸润的肠腔里，吃肉的菌众是永远不会得志的，而且就是我那一群淘气的野孩子们，偶尔闯进来，也会立刻被酸所**扫灭**了。所以在乳酸儿极度繁荣的肠腔里，人身上不会发生伤寒病之类的乱子，所以今天的科学医生常利用它来治疗伤寒。

伤寒的确是你们的极可怕的一种肠胃的传染病，是我的一群凶恶的野孩子在作祟。这野孩子就是大肠杆儿那一房所出的。在烂鱼、烂肉那些腐败的蛋白质的环境里，它就极容易发作起来。害人得**痢疾**的野孩子也是这一房所出的。害人得急性胃肠病的也是这一房所出的。它们都希望有大量的肉渣鱼屑，从胃的幽门运进来。还有霍乱那极淘气的孩子，也是这样的脾气。霍乱、痢疾、伤寒这三个难兄难弟和你们中国人是很有来往的，我不高兴去多谈它了。

就是这些野孩子不在肠腔里的时候，如果肠腔里的蛋白质堆积得过多，别的菌众也会因吃得过火，而使那些蛋白质化解成为毒质。

专会化解蛋白质成为毒质的，要算是著名的“腊肠毒杆儿”了，这杆儿是我的厌氧菌那一房孩子所出的。这些厌氧的孩子们，身上也都带着坚实的芽孢，既不怕热力的攻击，又不怕酸汁的浸润，很容易就给它溜进肠腔里来了。

那八大群的菌众是肠腔会议中经常出席的，这些淘气的野孩子们是偶尔进来列席旁听的。我们所**讨论**的议案是什么？那是要严守秘密的啊！

不幸这些秘密都被胡子科学先生的徒子徒孙们一点儿一点儿地查出来了。

于是这八大群的孩子们、淘气的野孩子们以及其他的菌众一个个都**锒铛**入狱，被拘留在玻璃小塔里面了。

科学先生是要研究出对付我们的圆满的办法啊。

土壤革命

在土壤中也有很多细菌存在，主要分为两大种类，它们相互之间进行合作，共同完成土壤的更新。

土壤，广大的土壤，是我的祖国，是我的家乡，
我从不知道时候的时候起，就把生命**隐藏**在它的怀中，
我在那儿繁殖，我在那儿不停地工作，
那儿有我永久吃不尽的食粮。
有时我吃完了人兽的尸肉，就伴着那残余的枯骨长眠；
有时我沾湿了农夫的血汗，就舞起鞭毛在地面上游行。
在神农氏没有教老百姓耕种的时候，
我就已经伏在土中制造植物的食料。
有我在，**荒芜**的土地可变成富饶的田园；
失去我，满地的绿意，一转眼，都要满目凄凉。
蒙古的沙漠，一片枯黄，

就因为那儿，我没有立足的地方。

在有营养的泥土里，我不曾虚度一刻的时辰，

都为着植物的繁荣，为着自然界的复兴。

有时我随着沙尘而飞扬，叹身世的**飘零**；

有时我踏着落叶，乘着雨点而下沉；

有时我从肚肠溜出，混在粪中，颠沛流离。

经过曲曲折折的路途，也都回到土壤会齐。

我在地球上虽是行踪无定，

我在土壤里却负有变更土壤的使命。

变更土壤就是一种革命的工作，

是破坏和建设兼程并进的工作。

这革命的主力虽是我的活动，

也还有不少其他杂色的党员。

土壤，广大的土壤，原是微生物的王国，

并且，是微生物的联邦。

有小动物之邦，有小植物之邦。

在小动物之邦里，有我所痛恨的原虫，有我所讨厌的线虫，有我所**望而生畏**的昆虫。

在小植物之邦里，有我所不敢高攀的苔藓，有我所引为同志的酵霉，有我所情投意合的放线菌。

这些**形形色色**的分子，有些是反动，有些是先进。

看哪！那原虫，我在人山上旅行的时候，已经屡次碰见过

了。在肚肠里，酿成一种痢疾的祸变的，不是变形虫的家属吗？在血液里，闹出黑热病的乱子的，不是鞭毛虫的亲族吗？变形虫和鞭毛虫都是顶凶顶狠毒的原虫。它们和我的那一群不安分的野孩子的胡闹，似乎是连成一气的。

它们不但在谋害高贵的人命，连我微弱的胞体也要欺凌。我正在土壤里工作的时候，老远就望见它们了。那**耀武扬威**的伪足，那神气十足的粗毛，气势汹汹而来，好不威风。只恨我，受了环境的限制，行动不自由，尽力爬了24小时，爬不到1英寸，哪里回避得及，就遭它们的毒手了。

这些可恶的原虫们所盘伏的地层，也就是我所盘伏的地层。在每一克重的土块里，它们的群众，有时多至100万以上，少的也有好几百，其中以鞭毛虫最占多数。它们的存在，给我族的生命以莫大的威胁。它们真是我的死对头。

看哪！那线虫，也是一种阴险而凶恶的虫族，其中以吸血的钩虫为尤凶。它借土壤的**潜伏**所，不时向人类进攻。中国的农民受它的残害者，真不知有多少。它真是田间的大患。这本与我无干，我在这里提一声，免得你们又来错怪我土壤里的孩子们了。

看哪！那昆虫，如蚯蚓、蚂蚁之徒，是土壤联邦显要的居民。它们的块头颇大，面目**狰狞**，有些可怕，钻来钻去，骚扰地方，又有些讨厌。不过，它们所走过的区域，土壤为之松软，倒使我的工作顺利。我又有时吃腻了大动物的血肉，常拿它们的尸体来换换口味，也可以解解土中生活的闷气。

这些土壤里的小动物们的举动，在我们土壤革命者的眼中，要算是落后，而且有些反动的嫌疑。

土壤里小植物之邦的公民，就比较地先进了。

虽然那苔藓之群，它们的群众密布在土壤的上层，它们有娇滴滴的胞体，**绿油油**的色素，能直接吸收太阳的光力，制造自己的食粮。然而它们对于土壤的革命，有什么贡献呢？恐怕也只是一种太平的点缀品，是土壤**肥沃**的表征吧。它们可以说是土壤国的少爷小姐，过着闲适的生活了。

土壤里真正的劳动者，算起来都是我的同宗。酵儿和霉儿就是那里面很活跃的两群。

酵儿在普通的土壤里还不多见，但在酸性的土壤里，在果园里，在葡萄园里，我常遇着它们。没有它们的工作，已经抛弃在地上的果皮、花叶，一切果树的残余，怎么会化完除尽呢？

霉儿能过着极简单的生活，在各样各式的土壤里我都遇到它。它这一房所出的角色真不算少：最常见的，有“头状菌”，有“根足菌”，有“麹菌”，有“笔头菌”，有“念珠状菌”，这些怪名都是描写它们的形态。它们在土中，能分解蛋白质为氨，能**拆散**极坚固的纤维素。酸性的土壤，是我所不乐居的，它们居然也能在那儿蔓延，真是做到我所不能做的革命工作了。

和我的生活更接近的，要算是放线菌那族了。它们那柳丝似的胞体，一条条分枝，一枝枝散开。它们的祖先什么时候和我菌儿分家，变成现在的样子，如今是渺渺茫茫无从查考了。但在土壤里，它仍同我在一起过活，然而它的生存条件，似乎比我严格点儿，土壤深到了30英寸，它就渐渐无生望，终至于绝迹了。它在土壤里最大的任务，是专分解纤维素的，它似乎又有推动氧化其他有机物之功呢。

最后，我该谈到我自己了，我在土壤联邦里，虽是个子最小、年纪最轻的，而我的种类却最繁，菌众却最多，革命的力量也最伟大。

我的菌众，差不多每一房每一系，都是在土壤里起家。所以在那儿，还有不少球儿、杆儿、螺儿的后代，也有不少硝菌、硫菌、铁菌的遗族，真是**济济一堂**。

我的菌众估计起来，每一克重的土块，竟有300万至2亿之多。虽然，这也要看入土的**深浅**，离开地面2英寸至9英寸之深，我的菌数最多。以后入土越深，我也就越稀少了。深过了4英尺，我也要绝迹。然而，在质地松软的土壤里，我可以长驱直入达到10英尺以外，还有我的部队在**垦殖**呢。

有这么多的菌群，在那么大那么深的土壤盘踞着，繁殖着，无怪乎我声势的浩大，群力的雄厚，我的微生物同辈都赶不上了。

我们这一大群、一大群土壤联邦的公民，大多数都是革命的工作者。

土壤革命的工作，需要彻底的破坏也需要基本的建设，因而我们这些公民，又可分为两大派别。

第一派是“营养自给派”，是建设者之群。它们靠着自身的本事，有的能将无机的元素，如硫、氢之类，有的能将无机的化合物，如氨、二氧化氮、硫化氢之类，有的能将简单的碳化物，如一氧化碳、甲烷之类，都氧化起来，变成植物大众的食粮；又有的能直接吸收空气中的二氧化碳，以补充自己。

在建设工作进行中，这派所用的技术又分两种。有的用化学综合的技术，如硝菌、硫菌、氢菌、甲烷菌、铁菌等，我的这些出色的孩子们，就是这样一群技术能手。看它们的名称就可知道它们的行动了。

有的用光学综合的技术，那满身都是叶绿素的苔藓，就是这一类的技术能手。

然而，没有破坏者之群做它们的先驱，预备好土中的原料，它们也有绝食之忧啊。

第二派是“营养他给派”，那就是土壤的破坏者之群了。它们没有直接利用无机物的本领，只好将别人家现成的有机物，慢慢地**侵蚀**，慢慢地分解，变成了简单的食粮，一部分饱了自己的细胞，其余的都送还土壤了。

然而有时它们的破坏工作是有些过激了，连那活生生的细胞也要加害，这事情就弄糟了。生物界的**纠纷**，都是由此而兴，而互相残杀的惨变**层出不穷**了。我所痛恨的原虫就是这样残酷的一群。

至于我菌儿，虽也是这一派的中坚分子，但我和我的同志们（指酵儿、霉儿及放线菌等），所干的破坏工作，是有意识的破坏，是化解死物的破坏，是**纯粹**为了土壤的革命而破坏。

土壤的革命日夜不停地在酝酿着，我们的工作也一刻没有休息过。然而这浩大无比的工程，是需要全体土壤公民的分工合作。破坏了而又建设，建设了而又破坏，究竟是谁先谁后，如今是**千头万绪**，分也分不清了。

总之，没有营养他给派的破坏，营养自给派也无从建设；没有营养自给派的建设，营养他给派也无所破坏。这两派里，都有我的菌众参加，我在生物界地位的重要是绝对不可抹杀的事实。而今近视眼的科学先生和盲目的人类大众，若只因一时的气愤，为了我的那些少数不良分子的蛮动，而**诅咒**我的灭亡，那真是冤屈了我在土壤里的苦心经营。

经济关系

细菌和人类的农业、工业息息相关，如土壤的分解、酒的酿造、面包、酸奶、皮革等。随着人类对细菌研究的加深，人类对细菌的利用也更加广泛。

我正伏在土壤里面，日夜不停地在做工，忽然望见一片乌云，遮满了中国古城的天空。顷刻间，狂风暴雨大作，冲来了一阵火药的气味，几乎使我的细胞窒息。我鼓起鞭毛**东张西望**，但见平津一带**炮火连天**，尸血满地！

这又将加重了我清除腐物烂尸的负担了。

这人类的自相残杀，本与我无干，何必我多嘴。

然而不幸战事倘若延长下去，就有这样黑心眼的人要想利用细菌战了。这几年来，细菌战的声浪，不是也随着大战的呼声而高扬吗？

奇异而又不足奇异的是细菌战。那是说，他们要请出我那一群蛮狠凶顽的野孩子——人们所痛恨的病菌，来助战了，使我菌儿也卷入战争的**漩涡**了。这如何不引起我的特别注意呀！

本来，我的野孩子们平日都在和人作战。战争一发，更造成了它们攻人的机会。它们自然就会闻风赶到了。

我想到这里，不禁打了一个寒噤，我的荚膜和鞭毛都战战栗栗抖动起来了。

将来战事一旦结束，人类触目伤心，能不怪我的无情吗？在平时，我本有传染病的罪名；在战时，我又加上帮凶的暴行呀！他们要更加痛恨我了。

呵呵！我的这些孩子们，真是**害群之马**，由于它们的猖獗，使人类大众莫不谈“菌”色变，使许多人犹认为“细菌”二字是多么不祥而可怕的名词。这真是我菌儿的大耻啊。

老实说，我的大部分群众，不像资本家，靠着榨取而生存；不像帝国主义者，靠着侵略而生存；不像病菌，靠着传染病而生存。我的大部分群众都是善良的细菌，生物界最**忠实**的劳动者，靠着自身劳动所得而生存。

我在土壤革命的过程中，经常地担任了几部门最重要的工作。这在前章已经述说过了。

在土壤里，我不但会分解腐物以充实土壤的内容，我还会直接和豆科之类的植物合作哩。

在豆根的尖头，我轻轻地爬上它弯弯的根须，我爬进了豆根的内质，飞快地繁殖起来，由内层复蔓延到外层，使豆根肿胀了，长出一粒一粒的瘤子。这就是“豆根瘤”的现象。

这样地，我和豆根的细胞，取得密切联络，实行同居了。隐藏在豆根瘤里面的我的群众，都是技术能手。它们都会吸收空气中的氮，把它变成了硝酸盐，送给豆细胞，作为营养的礼物，而同时也接收了豆细胞送给它们的赠品，大量的糖类。

这真是生物界共存共荣的好榜样，一丝儿也没有侵略者的**虚伪**的气息。

种植豆科植物，可以增进土壤的肥沃，这在中国古代的农民，老早就知道了。可惜几千年以来，吃豆的人们，始终没有看见过我的活动呀。

直到了1888那年，有一位荷兰国的科学先生出来，仗义执言，由于他研究的结果，这才把我在土壤里的这个特殊**功绩**，表扬了一下。

这是在农业经济上，我对于人类的贡献。

在工业方面，我和人类发生了更密切的经济关系。

人类的工业，最重要的莫过于衣食两项，在这衣食两项，我却都尽了最大的努力，努力生产。

我原是自然界最伟大的生产力。

宇宙是我的地基，地球是我的厂屋，酵素是我唯一**神妙**的机器。一切无机和有机的物体都是我的好原料。

我的菌众都在共同劳动，共同生产，所造成的东西，也都涓滴归公，成为生物界的共有物了。

不料，野心的人类，却想独占，将我的生产集中，据为私有。

在显微镜没有发明的时代，他们虽没有知道我的存在，却早已发现了我的劳动果实。他们凭着暗中摸索所得的经验，也知道了在人工的环境里面，安排好了必需的原料，也就能产出我的劳动果实来了。

这在当初他们就认为是**自然而然**的事。到了化学昌明时代，又认为这是化学变化的事。谁也想不到这乃是微生物的事呀！

他们所采选的原料，也就是我的天然食料，我的菌众老早就预伏在那里面了。并且在人工的环境都适合了我生存的条件时，我也飘飘然地不请自来了。

我不声不响地在那儿工作着，造成了大量的生产品。他们却以为是他们自己的创造与发明。

于是传之子孙，守为家传秘法。我的劳动果实，居然被这些**无耻**的商人，占为专利品了。

从酒说起吧，酒就是我的劳动果实之一。我的亲属们多数都有造酒的天才，尤其是酵儿和霉儿那两房。米、麦之类的糖类，各式各样的糖和水果，一经它们的**光顾**，就都带点儿酒味了。不过，有的酒味之中，还带点儿酸，带点儿苦，或带点儿臭。这显然表示，在自然界中，有不少的杂色的劳动分子，在参加酒的生产呀！这些造酒的小技师们，各有不同的个性，不同的酵素，它们所受用的原料，又多不同，因而天下的酒，那气味的复杂，也就很可观了。

这是酒在自然界中的现象。

天晓得，传说中，是在大禹时代吧，就有了这么一位聪明的古人，叫作仪狄的，偶尔尝到了一种似乎是酒的酒味，觉着香甜可口，就想出法子，自己动手来造了，从此中国人就都有了酒喝。

西方的国家，也有它们造酒的故事。

于是，什么葡萄酒呀，啤酒呀，白兰地呀，连同绍兴老酒，五加皮等都算在一起，酒的花样真是越来越多了。

酒也是随着生产手段的变化而变化的吧！然而在这生产手段中，我却不能缺席。

在自然界，酒是我的手工业，我的自由职业，我是造酒的生产力。

在人类的掌握中，酒是我的强迫职务，我成为造酒的奴隶，造酒的机器了。

奇异而又不足为奇的是，人类造酒的历史已经有几千年了。他们也从不知道有我在活动。

这黑幕终于是揭穿了，那又是胡子科学先生的功业。他在显微镜上早已侦察好我的行踪了。

有一回，他特制了几十瓶精美的糖汁、果液，大开玻璃小塔之门，招请我入内欢宴，结果我所亲到过的地方，一瓶一瓶都有了酒意了。

于是他就点头微笑地说：

“乖乖，微生物这小子果然好本领，发酵的工程，都是由它一手包办成功的呀！”

话音未落，他就被法国的酒商请去，看看他们的酒桶里出了什么毛病，怎么好好的酒，全变成酸溜溜的了。

胡子先生细细地视察了一番，就做了一篇书面的报告。大意是说：

“纯净的酒，应该请纯净的酵母菌来制造。酒桶的监督要严密，不可放乳酸菌，或其他不相干的细菌混进去**捣乱**。”

“乳酸菌是制造乳酸的专家，绝不是造酒的角色。你们的酒桶就是这样地给它弄得**一塌糊涂**了，这是你们这次造酒失败的大原因……用非其才。”

他所说的酵母菌，指的就是我那酵儿。

我那酵儿，小山芋似的身子，直径不到 5 微米（微米是千分之一毫米），体重只有 9.8175×10^{-6} 毫克。然而算起来，它还是吾族里的大胖子。

然而胡子先生只知其一，不知其二。那大胖子并不是发酵唯一的能手，吾族中还有长瘦子，也会造出顶甜美的酒。这长瘦子便是指我的霉儿。

它身着有色的胞衣，平时都爱在潮湿的空气中游荡，到处偷吃食品，捣毁物件，是破坏者的身份，又怎么知道它也会生产，也会和人类发生经济关系呢？

这就要去问台湾人了。

原来霉儿那一房所出的子孙很多很复杂。有一个孩子，叫作“黑麹菌”的，不知怎的竟被台湾人拉去参加制酒的劳动了。现今的台湾酒，大半都是由它所造成的。

这一房里，还有一个孩子，叫作“黄绿色麹菌”的，也曾被中国、日本和南洋群岛等处的酒商，聘去做发酵的工程师。不过它所**担任**的，是初步的工作，是从淀粉变成糖的工作。由糖再变成酒的工作，他们又另请酵儿去担任了。

我的菌众当中，有发酵本领的，当然不止这几个，有许多还等着科学先生去**访问**呢。这里恕我不一一介绍了。

酒固然是发酵工业中的主要的生产品，但甘油在这战争的时代，也要大出风头了。

甘油，它原是制造炸药的原料。请一请酵儿去吃碱性的糖汁，尤其是在那汁里掺进了 40% 的“亚硫酸钠”，它痛饮一番之后，就会造成大量的甘油和酒来了。

不过，还有面包。西洋的面包等于中国的馒头、包子，都是大众的粮食。它们也须经过一番发酵的手续。它们还不也是我的劳动果实吗？

可怜我那有功无罪的酵儿们，在面包制成的当儿就被人们用不断高升的热力所蒸杀了。这在面包店的主人，是要一方面**提防**酵儿吃得过火，一方面又担心野菌的侵入，所以索性先下手为强，以保护面包领土的完整。

有时面包热得并不透心，这时候我的野孩子里面有个叫作“马铃薯杆菌”的，它的芽孢早已从空气中移驻到面包的心窝了，就乘机暴动起来，于是面包就变成胶胶黏黏的有酸味不中吃的东西了。

在人类的食桌上除了面包和酒以外，还有牛奶、豆腐、酱油、腌菜之类的食品，也都须靠着我的劳动才能**制造**成功。

牛奶，不是牛的奶吗？怎么也靠着我来制造呢？

这我指的是一种特别的牛奶——酸牛奶。欧美人士当它是比普通牛奶还好的滋补品，是有益于肠胃消化的卫生食品了。

酸牛奶的酸是有意识的酸，是含有抗敌作用的酸。酸牛奶一落到人们的肚子里，我的野孩子们就不敢在那儿逞凶了。

奇异而又**不足为奇**的是，制造酸牛奶的劳动者，就是造酒商人所痛恨的“乳酸菌”呀！

呵呵！我的乳酸儿，在牛奶瓶中，却大受人们欢迎了。

不但在牛奶瓶中，有如此盛况，在制造奶油和奶酪的工厂中，它也到处都受厂方的特别优待。这都因为它是专家，它有精良的技术，奶油、奶酪、酸牛奶等，都是它对人类优美的贡献。

酸牛奶在保加利亚、土耳其及其他国，是很**盛行**的。因为它有功于肠胃，所以那儿的居民，常恭维它作“长寿的菌”。这真是我这孩子的一件美事。

据说，美国的腌菜所用的乳酸，也是这乳酸儿的出品。不过，他们在乳酸之外，有时又掺进了一些醋酸、酪酸，及其他有香味的酸。

这些淡淡浓浓的酸，我也都会制造。法国有一位著名的女化学家，就曾请我到她实验室里表演造酸的技术。结果，我那个黑色的麹儿表演的成绩最佳，它造成了大量的草酸和柠檬酸。现在市场上所售的柠檬酸，一大部分都是它的出品。

豆腐、酱油之类的豆制食物，却是我的黄绿色麹儿的出品了。这是因为它有**化解**豆蛋白质的能力。

中国制酱油的历史，算是最久远了。可是因为对于我的真相的不认识，酱油里往往有野菌暗渡，弄得黄绿色麹菌不能安心工作，不知浪费了多少原料呀！

你看，那日本国的商人就乖巧些，他们就肯埋头研究，积极在我菌众中物色最干练的酱油司务。

在爪哇，豆制食品也很兴盛，他们专请了另一位小技师，那是我的棕色麴儿。我又有几个孩子，被美国人请去帮他们忙制造甜美的冻膏了。

总之，在吃的方面，我和人类的经济关系，将来的发展是未可限量的。

不过在许多地方，人类却都提心吊胆的，谨防我来侵犯他们的食品。这是因为我那些野孩子的暴行所给他们的恶劣印象，也太深刻了。

那新兴的罐头食品工业，便是人类食品自卫的一个大壁垒。他们用高压强热的手段，来消灭我在罐头境内的潜势力；又密不通风的封锁起来，使我无缝可入。这真是罕见的门罗主义，食物的独占政策，我在这儿也不便多说了。

穿的方面呢？人类也尽量地利用了我的劳力了。浸麻和制革的工业就是两个显著的例子。

在这儿，我的另一班有专门技术的孩子们，就被工厂里的人请去担任要职了。

浸麻，人类在古埃及时代，老早就发明了浸麻的法子了，也老早就雇用了我做包工。可是，像造酒一样，他们当初并没有看出我的形迹来。

浸麻的原料是亚麻。亚麻是顶结实的一种植物组织，是衣服的上等材料。它的外层，有顽固而有黏胶性的纤维包围着。

浸麻的手续就是要除去这纤维。这纤维的消除又非我不行。我的孩子们有化解纤维素的才能的也不多见。这可见化解纤维素的本事，真是**难能可贵**了。

这秘密，直到20世纪的初期，才有人发觉。从此浸麻的工业者，就大体注意我这有特殊技能的孩子的活动了。于是就力图改善它的待遇，在浸麻的过程中，严禁野菌和它争食，也不让它自己吃得过火，才不至于连亚麻组织的本身也吃坏了。

在制革的工厂里面，我的工作尤为紧张。在剥光兽毛的石灰水里，在充满腥气的暗室中，在**五光十色**的鞣酸里，到处都需要着我的孩子们的合作。兽皮之所以能化刚为柔而不至于臭腐，我实有大功。

不过，在这儿，也和浸麻一样，不能让我吃得过火，万一连兽皮的蛋白质都嚼烂了，那就前功尽弃了。

土壤革命补助了农村经济，衣食生产有功于人类的工业。这样看来，我不但是生物界的柱石，我还是人类的靠山，干脆点儿说：人类靠着我而生存。

这我并不是**大言不惭**。

你瞧！那滚滚而来臭气冲天的粪污，都变成田间丰美的肥料了。这还不是我的力量吗？没有我的劳动，粪便的处置，人类简直是束手无策。

由此可见，我和人类，并非绝对地对立，并无永久的仇怨！

那对立，那仇怨，也只是我那些少数的淘气的野孩子们的妄举蛮动。

观乎我和人类层层叠叠的经济关系，也可以了解我们这一小一大的生物间仍有合作的可能啊！

然而人类往往以特殊自居，不肯以平等相待。自从实验室里燃起无情之火，我做了玻璃之塔中的**俘虏**，我的行动被监视，我的生产被占有，从此我的统治权属于那胡子科学先生的党徒了。我这自然界中最自由的自由职业者，如今也不自由了，还有什么话可说！

人生七期

在生理学上，把人的一生分为七个时期。读完之后想一想自己处于哪个时期呢？

由初生到老死，这个路程，是谁都要走过的。不过，有的人不幸，在半道得了**急症**，或遇到意外，没有走完这条路，突然先被死神抓去了，那是例外。

在生之过程中，发育和衰老，同时进展。我们一天一天地长成，也同时一天一天地老迈了。小孩子一个个都巴不得即刻变作成人，但成人**一转眼**就都老了，都变成老头儿了。这个由小而大、由大而老之间，其实没有界线可分。天天在长，就是天天在老。生之日益多，死之辰益近。不过看哪一种成分，显得格外分明，而把一条生命线，强分为数段，也可。大约看来，在25岁以前，发育的成分多；25岁以后，则衰老的成分渐多了。

16世纪时，英国的大诗翁莎士比亚，有过一篇千古不朽的名诗，由婴儿起到暮年止，把人生分为七期，描写得极其生动逼真。大意是这样说：咿咿唔唔在奶娘手上抱的是婴儿；满面红光，牵着书包，不愿上学去的是学童；强吻狂欢，含泪诉情，谈着恋爱的是青年；**热血腾腾**，意气甚强，破口就骂，胆大妄为的是壮年；衣服齐整，面容严肃，大声方步，挺着肚子的是中年；饱经忧患，形容枯槁，鼻架眼镜，声音带颤的是老年；塌的眼眶，没有了牙齿，聋了耳朵，舌头无味，记忆不清，到了尽头的是暮年。这样把人生一段一段地，分析下来，真够有趣呀。

但是，莎士比亚的人生七期，是看着人情世态而描写的。我们现在也要把人生分为七期，却是依照生理学上的情形而分的。这七期，不自婴儿始，以子宫内受孕的母卵为起点。

自母卵与精虫相遇，受了精以后，立时新生命就开始了。

自开始至3个月，为第一期。这一期的变化，突飞猛进，最为奇特。在这一期里，母卵不过是直径不满35微米的一颗圆圆的单细胞，内中却早已包含着成人所必需具备的一切重要的结构了。在这期里，还有几种结构，为成人所没有的，如第三星期，有鱼鳃的**裂痕**出现，如第六星期，有尾巴出现。自演化论者看来，这分明显出，人是鱼的后代、兽的子孙了。由母卵一个单细胞起，一变二，二变四，四变八，不断地变，到了第三个月，人的雏形已经完成，但仍是小得很，要用显微镜才看得清楚。这一期叫作胚胎期。

第二期是胎儿期，由第三个月起至脱离母体**呱呱坠地**时为止，大约有六七个月吧。在这一期里，并没有添出什么花样，细胞仍是在变多，已完成的雏形渐渐长大，渐渐加重，渐渐成熟罢了。

在温暖的子宫内的胎儿，不会感到饥饿和窒息的恐慌。他所需要的食料和氧气，都从母亲的血液里支取，都是由胎盘输进脐带，送给他的。

在诞生的时候，这种食料和氧气的自由**供给**，突然始止。于是新生的婴儿，不得不哇的一声大哭，打通了两道鼻孔，顿时鼓动自己的肺叶，呼吸外界的新鲜空气。又哇的一声大啼，张开自己的小口尽力吸收甜美的乳汁，运用自己的胃和肠来消化食物。

这种食料供给的突变，对于发育的过程，并无重大的影响。不过在初生下来头3天，婴儿的体重略有低减。这多半是因为分娩后那几天乳量不足的缘故，不久就复了常态。

由呱呱坠地到2岁乳齿长出的时候是为第三期，叫作婴儿期。

接着，就是第四期，即幼童期，由3岁起，在女童到13岁止，在男童到14岁止。在这一期里，年年体重均有增加，每年约增9%。这就是说，例如，体重18千克的儿童，每年增加1.6千克；体重32千克的儿童，每年增加2.9千克。**假使**不生疾病，不遇饥荒，这时期里体重的增加，就可以一直向上无阻了。

到了第五期，就是最**宝贵**的青年时期了。如春天的花一般，一朵一朵地开出来，红艳可爱，一个个女儿的性格，一个个男子的性格，很奇幻而巧妙地在这一期里长成了。一夜之间，**不知不觉**由娇羞的童女，一变而为多色多姿的妇人；由顽皮的童子，一变而成大声大样的男人。其间有不少不平等、参差不齐的形态与资质啦。

青年期，在女子，她的标志是：月经的来临，骨盆的长大，乳峰的突起，及阴毛的出现，这大约在13至14周岁之间就发生了。

青年期，在男子，他的记号是：面部的胡须有了几根了；下部耻骨间的黑毛也一条一条地出来；同时好像喝了什么葫芦里的药，小孩子又尖又脆的高音，忽然变成又粗又重的沉音了。

在滋养得宜的时候，这一期里，体重和身长的增加，比儿童的时期，还来得快，大约可由每年9%，加到每年12%。不过，贫苦的大众，平日都没有吃饱，营养不足，又怎能达到这样高速度的发育呢？

青年期的发育，是跟性的本能有关联的。割去生殖器的男童，到了青春发育的时期，就不会发生如平常男子一般的变化。从前清宫里的太监，就是这样。这些太监，又不像男，又不像女，口音总是**尖脆**，颔下从来不生胡须。

美国密苏里大学，有一位解剖学教授亚冷先生，曾把某种动物的生殖器割去，那动物的发育因此迟缓了，又将各种生殖器的组织制成溶液，注射入那动物的体内，于是那动物体内某部分的发育又激增了。

但是由这青春的发动而使发育**激增**这种现象并不能维持长久。大约过了2年之后，发育的速度，就很快地跌下去了。满了22周岁的当儿，体重和身长，都已发育完全，不再前进了。

不论怎样，到了23周岁，一切体格的生长，都宣告终止。当然在20岁与30岁之间，自体力方面看去，是我们一生最强盛的时代。运动健儿，能创造新纪录，夺得锦标的，都在这时期内。

过了30岁，一切的体力、体劲，就江河日下了。

大概是50岁那一年吧，妇人的月经**告别**，她的生殖时代，就成为过去的了。

在男子，生殖的机能，虽不似妇人那样突然中断，然而一过了35岁之后，也就一天不如一天了。

男子一过了35岁，就一天一天地肥大了。团团的面孔，双重的下巴，厚厚的颈项，都显得臃肿起来了。汗毛越粗，胡子蔓延的区域渐广。笨重的身体，挺着大肚皮，一步一步不慌不忙地走。有福气活到35岁以上的人，多少都有这种福相吧！

然而这些形相，却被科学家认为都是生殖机能渐弱的表示。割去生殖器的雄兽，也就渐渐异常地肥大起来了。割去生殖腺的雄鸟，毛羽也格外地粗大。生理学者起初也以为胡子汗毛的加多加粗，是男性发展完全的特征，后来由于阉割雄鸟的试验，以人比鸟，就悟到粗毛粗须，是性能力渐弱的标记，而在这时期内，男子生殖腺的作用，事实上的确是减弱了。

男子到了60岁，生殖的机能，就完全终止了。世间才有几个**老当益壮**，66岁，还要割须弃毛，再做新郎的贵人呢?

由25岁起，女的到50岁，男的到60岁，是中年期，是一生的中心，是一生最有用的时代，这是第六期。

第七期，60岁以上的人，就算老了，一轮红日慢慢西沉，终归于**万籁俱寂**了。至于怎样老法，下一次再谈吧。

人身三流

泪、汗和尿都是人体排出的液体，但在人心目中的地位却是不同的。实际上尿一直被大众误解着。

中国的民众不知流了多少泪。

我由泪想起汗，由汗想起尿。

这是贫民窟里的三宝，却不为一般人所重视，因此我愿意替它们宣传宣传。

泪在灾民、难民眼眶里狂涌，汗在车夫、工人的额角、背上怒奔，尿在黑暗的角落打滚。

这是三种有生命的水啊，被压迫而向体外逃亡，所以我称它们作“人身三流”。

人身所流出的水，固不只这三种，而这三种却是最肯抛头露面，而且爽直，不稍存退缩之心。

中国人的传统观念，总以为地位尊崇者，他的一切就高人一等。因此，在这人身三流里面，泪的位置最高，也可以自称为上流了。汗的位置，上上下下，几遍于全身，只可称为中流。尿呢，那就是被人所贱视的下流了。

尿之不如汗，汗之不如泪，似乎是当然的道理。

所以古今诗人雅士，**吟诗作赋**，免不了说一两句伤心话，不是断肠，就是落泪，几乎非泪不足以表其多情。泪总是多情的产物吧。于是泪就可比茶一般的清高了。

一到了汗，他们就有些讨厌这个了。然而诗人到了夏天就有苦热诗了，在苦热诗里，又似乎非汗不足以写其苦。

至于尿，这**卑鄙下贱**的东西，用它骂人出气还可以，绝不可以入诗文，就是俗人的谈话，也都极力避免用尿字。

其实，这是不公平，不正确。

我们都被传统的观念所束缚，所蒙蔽了。

尿、汗、泪三者都是人身的外分泌：干净时，一样地干净；龌龊时，一样地龌龊。

查其来源，它们都是从血液里面逃出来的流民。

观其内容，尿最丰富，汗次之，泪最淡泊。然而都是一样的带点儿酸性的盐水，都含有一些“尿素”之类的有机化合物，还有别的，这里暂不提。

论其功用，尿最伟大，汗副之，泪就在可有可无之间了。

泪的故乡是在眼角和鼻骨之间的泪器。泪时时都伏于那泪器的门口**观望**，有时出来巡逻，洗洗眼珠，清清眼皮，偶尔堕入鼻子的深渊，无底洞，就成为一种鼻涕了。

泪在心理上颇占地位，人都认为它和悲哀的情感有关系，这是因为泪器的细胞，和大脑派出的神经有直接联络吧。然而有时笑也会出眼泪；眼睛受了辣椒、烟雾的刺激，也会出泪；又有所谓流泪弹(催泪弹)之类的毒品，专使我们流出大量的泪。这可见泪实是眼睛的警备队、保护者了。

人本是流泪的生物。自初生到老死这一个过程中，流泪的机会正多着呢。但，中国人的眼泪是用得太滥了，各自为一身一家的疾痛，而流出一点一滴的泪，那泪是弱小而无聊的。

现在我们东方第一古国的**悲剧**，已一幕一幕地揭开了。我们要学春秋战国时代，荆轲和高渐离二侠士在燕市酒店里，那样**慷慨悲壮**地流泪。我们希望拿四万万大众的热泪，来掀波翻浪洗净国耻。

然而泪终究是弱者的武器，单靠它来救亡图存，那力量是太薄弱了。

泪之后，还须继之以汗。

汗的原籍是皮肤里面的汗腺。全身的皮肤，除了外耳道、包皮、龟头之外，都有汗腺，而以手掌、足底的汗腺为最多。人身皮肤汗腺的总计，大约在200万个以上吧。

汗腺出汗的多少是没有一定的。这要看四周空气的情形，寒暖如何，干湿如何。多跑多动，也会出汗。有时人们受了突然的**惊吓**，也会吓出一身冷汗来，汗也被情感所支配了。据说，在平时，就是穿长衫的人们，平均每24小时，也要出汗2—3升。这是皮肤受了衣服的包围，那里面的热气，常在32℃左右，所以无形之中，时时都在出汗了。

不过，这汗不是水而是汽。大约要过了33℃的“界点”，汗气才一变而为汗水。

汗水和汗气的分界，也可以说就是劳力和劳心的分界罢。

汗水里面的宝贝，除了盐和水之外，还有尿素、尿酸、肌酸、石炭酸、蛋白素之类的杂烩，而以尿素的成分为最主要。

刚洗完蒸汽浴，或经过一番强烈的运动之后，满头满身，淋淋漓漓，都是热汗，而那些汗珠里面，尿素的成分，就顿时加了许多。

有的人听了这话，就有些不愿意，而且不大相信，以为尿素这下流东西，也配在我头上身上作威作福哇。

然而这是生理上的事实。

原来尿和汗还是亲家，尿之尿素减少，则汗之尿素加多；汗之尿素少，则尿素都跑回尿那边去了。而其来去的主权，则由大脑派有特别神经，暗中操纵。

尿的历史就复杂得多了。现代疾病的诊断，又往往非做尿的检查不可，都是想从尿水里，追寻出疾病的脏物。尿的出身，虽甚下贱，它的先前性状，又极神秘，而它却是牺牲了自己而出奔——有的说是被压迫而逃亡——调和了血液，保全了全体，大有功于人身。将来如有空闲，也拟替它作一篇正传。这里所要谈的，不过举其大概罢了。

它的大本营是肾，膀胱是它的行营。

肾是一副多管的腺，俗称腰子，又号腰花，常常被人误认为男子生殖器的睾丸。其实睾丸自是藏精之宫，而肾却是尿的制造所了。

在这个制造所里面，约有 200 万颗小球——肾小球——无数微血管密密地分布于此。

这么多的肾小球，又都被小球囊所包围。小球囊和肾小球之间，只隔了两层薄薄的膜：一层是微血管的外皮，一层便是肾小球的外皮。

那小球囊的空间，就是尿管的起点。

尿管起初是弯来弯去，千回百转，所以叫作**盘曲**的小管，后来才变成直直的一条，出了肾，直通尿道，而达于膀胱了。

肾，这制尿局，其结构是如此细微而繁复，于是生理学者，研究了再研究，在显微镜下，眼都看红了，还是纷纷论战，各执一说，还不能解决尿是怎样制造的这个问题。

有一派说，血一到了肾小球的微血管，因受大血管里的高血压所迫，只得透过了那两层**薄膜**，到了小球囊的空间，而变成尿。可是那尿是太稀了，于是当流过了盘曲的小管的时候，在途中，就有一部分，又被两旁的外皮细胞所吸收了，其余的渐渐成了浓尿的本色。

又有一派也承认，尿是血所滤过的东西。不过，他们以为，在小球囊的尿，还不是完整的尿，而只是些无机盐和水，所以稀。后来，在盘曲小管的途中，又有一批尿素、氨之类的有机物，从两旁的外皮分泌出来，加入尿的**洪流**中，于是就浓了。

这两说，各有其道理，其试验根据，等他们决定了，再叙吧。现在我们只认尿是血的后代就够了。

血是最受人敬重的，我们又怎么能太看不起尿呢？

尿是有时而酸性，有时而淡。这是间接受了食物的影响。吃肉的人，尿是酸性；吃素的人，尿近于淡。尿若变成了碱性，那是细菌这小贼的**恶作剧**。

尿的内容，除了守本分的无机盐和水之外，杂色的分子极多。主要的当然是尿素。其余还有尿酸、肌酸、马尿酸、草酸、硫酸盐、氧化酸、氮化酸、氮气、碳酸气、尿色素、尿胆素，各有各的来历与背景，还有有时列席有时缺席者不计外，真是济济一堂。这些名目都是抄自一位化学家的记录。

然而有人读了，就要生疑了。那姓马的尿酸怎么也会杂在里面，人尿里难道也会有马尿吗？

本来科学名词都有些奇特，我们若认真起来，就很吃力。马尿酸，本是吃草的动物如马之类的尿中所常有。人及吃肉的动物，难得有。但人若常吃素，尿里就来了大量的马尿酸了。

反之，尿酸乃是吃肉的记号。所以尼姑、和尚之流，若开了荤偷着买肉吃，尿里面马尿酸的成分变成了尿酸，这是瞒不过实验室里的化验员的。

尿的质既是这样琳琅富丽，尿的量也很可观。成年男子在24小时之内所分泌出尿的总量，通常都有1500—1700立方厘米之多。当然水喝得愈多，尿也就愈多，喝了茶、咖啡之类的饮料，尿也较多。这是常人所知道的。尿实是血过剩的去路啊。

然而，有人就要问了，尿何以**恶臭难闻**，它不是屎之流吗？这又是传统的误会了。

尿与屎并论，是尿百世之**冤恨**。屎是食物的渣滓，和以胆汁，又有粪臭素、硫化氢之类的臭物，细菌成兆成亿地在那里寄生。虽居人身的腹地，并未曾受人肉的同化。

尿是血的分泌。血清尿包清，血浊尿也浊。血糖有过剩，而尿就成为糖尿了。

尿的本味，就是氨的本味，是一种单纯的药味，昏迷的人闻了，还可以大醒。

尿所以恶臭，是离了人身之后而变成的。这不是尿之本身的罪状，而是细菌的**罪状**。让细菌吃饱了的东西，就是汗，就是泪，就是血，就是肉，有哪一件不臭呢?

独于尿，而最被看不起，这是下流者的不幸。

中国贫民窟里下层的民众，也被人看不起了几千年了。

泪也竭了，尿也尽了，只有汗还多可以流。

多喝些革命的水吧！多喝些抗敌的酒吧！**澄清**民族的污浊！流出四万万人的血，使全太平洋的水变色！

1936年2月20日　南京

细菌的衣食住行

细菌和人类一样，也需要有居住的场所，需要吃东西，需要行动。这人类肉眼看不到的小小的细菌是如何做到的呢？

衣食住行是人生的四件大事，一件都不能缺少。不但人类如此，就是其他生物也何曾能缺少一件，不过没有人类这样讲究罢了。

细菌是极微极小的生物，是生物中的小宝宝。这位小宝宝穿的是什么？吃的是什么？住在哪里？怎样行动？我们倒要见识见识一下。

好呀，请细菌出来给我们看一看呀！

不行，细菌是肉眼看不见的东西，它比我们的眼珠就小了2万倍呀。**幸亏**260年前荷兰有一位看门老头子叫作列文·虎克把它发现出来。列文·虎克先生一生的**嗜好**就是磨镜头，在他屋子里存着好几百架自制的显微镜，天天在镜头下观察各种微小东西的形状。有一天他研究自己的齿垢，忽然看见好些微小的生物在唾液中**游来游去**，好像鱼在大海中游泳一般。这些微小的生物就是我们现在所要介绍的细菌。自从发现细菌以后，经过许多科学家辛辛苦苦研究，现在我们已渐渐知道它的私生活的情况了，但是大众对于细菌不过偶尔闻名而已，很少有见面的机会，至于它的衣食住行更莫名其妙了。

我们起初以为细菌实行裸体运动，一丝不挂，后来一经详细地观察，才晓得它们个个都穿着一层薄薄的衣服，科学的名词叫作荚膜。这种衣服是蜡制的，要把它染成紫色或红色才看得清楚。细菌顶怕热，若将它们抹在玻璃片上放在热气上烘，顷刻间这层蜡衣都化走，露出它们娇嫩的肤体。它们又很爱体面，当它们来到人类或动物的体内**游历**，或在牛奶瓶中盘桓之时，穿得格外整齐，这层蜡衣显得格外分明。细菌的种族很多，其中以“荚膜杆菌”“结核杆菌”及“肺炎球菌”三族衣服穿得特别讲究，特别厚，特别容易为我们所认识。

细菌的吃最为奇特而复杂，我们若将它**详详细细**地分析一下，也可以写成一部食经。在这里不便将它的全部秘密泄露，只略选其大概而已。细菌是贪吃的小孩子，它们一见了可吃的东西便抢着吃，吃个不休，非吃得精光不止。但它们也有吃荤绝对不吃素的，也有吃素绝对不吃荤的，所以我们有动物病菌与植物病菌之分。大多数的细菌都是荤素兼吃。有的细菌荤素都不吃而去吃空气中的氮，或无机化合物如硝酸盐、亚硝酸盐、氨、一氧化碳之类。此外还有吃铁的铁菌和吃硫黄的硫菌，更有专吃死肉不吃活肉的腐菌和专吃活肉不吃死肉的病菌。麻风的病菌只吃人及猴子的肉，不肯吃别的东西；平常住在水里或土壤里的细菌，到了人或动物的身上就要饿死。然而结核杆菌及鼠疫杆菌等这些穷凶极恶的病菌就很调皮，它们在离开人体到了外界之后又能暂吃别的东西以维持生活。在吃的方面，细菌还有一种和人类差不多的脾气，我们不可不知道的，就是太酸的不吃，太咸的不吃，太干的不吃，太淡而无味的也不吃，大凡合人类的胃口也就合它们的胃口。所以人类正在吃得有味的东西，想不到它们也在那里不露声色地偷着吃。

细菌的住是和食连在一起的，吃到哪里就住到哪里，在哪里住就吃哪里的东西，它们吃的范围是这样的广大，它们住的区域也就无止境了。而且它们在不吃的时候也可以随风飘游，它们的子孙便散布于全地球了(别的星球有没有我们还没有法子知道。从前德国有一位科学家特意地坐气球上升到天空去拜访空中的细菌，他发现离地面4000米之高还有好些细菌在那里徘徊)。大部分的细菌都是以土壤为归宿，而以粪土中所住的细菌为最多，大约每一克重的粪土住有115000000个细菌。由土壤而入于水，便以水为家；到了人及动植物身上，便以人及动植物的身体为家。还有一种细菌叫作“爱热菌”，在温泉里也可以过活。

好多种细菌身上都有一根或多根活泼而轻松的鞭毛。这鞭毛鼓舞起来它们便可在水中飞奔，伤寒杆菌能于1小时之内渡过4毫米长的路程。这一点的路在细菌看来实在远得很，因为它们的身长尚不及2微米，而4毫米却比2微米长2000倍。霍乱弧菌飞奔得更快，它们可于1小时之内渡过18厘米长的路程，比它们的身体长9万倍，别的生物都不能跑得这样快。

然而细菌若专靠它们自己的鞭毛游动毕竟走得不远。它们是喜欢旅行，喜欢搬家的，于是不得不利用别的法子。它们看见苍蝇附在马尾还能日行千里，老鼠伏在船舱里犹能从欧洲搬到亚洲，它们何不就附在苍蝇和老鼠身上，岂不是也可以游历天下吗？于是蚊子、苍蝇就成为了它们的飞机，臭虫、跳虱就成为了它们的火车，鱼、蟹、蚝、蛤就成为了它们的轮船，**自由自在**地到处观光。不仅如此，它们还会骑人，在这个人身上骑一下又跳到另外一个人身上骑一下，你看，在电车上，在戏院里，在一切公共的场所，这个人吐了一口痰，那个人说话口沫四溅，都是它们旅行的好机会呀。

细菌的大菜馆

人类会到菜馆里吃饭，细菌也一样，而且它的馆子多着呢。那就要问一问，细菌的菜馆在哪里呢？

人类开始的那一天，亚当和夏娃手携手，赤足露身，在伊甸河畔的伊甸园中，唱着歌儿，随处嬉游，满园树木花草，香气袭人。亚当指着天空一阵飞鸟，又指着草原上一群牛羊，对夏娃说：看哪！这都是上帝赐给我们的食物呀。于是两口儿一齐跪伏在地上大声祷告，感谢上帝的**恩惠**。

这是犹太人的宗教传说。直到如今，在人类的半意识中，犹都以为天生万物皆供人类的食用、驱使、玩弄而已。

希腊神话中，奥林匹亚山上一切天神都是为人而有，如爱神司爱，战神司战，谷神司食，因为人而创出许多神来。

我们古老国家的一切山神、土地、灶君、城隍也都是替人掌管，为人而虚设其位。

这些渺渺茫茫**无稽之谈**都含有一种自大性的表现，自以为人类是天之骄子，地球上的主人翁。

自达尔文的《物种起源》出版，就给这种自大的观念，迎头一个痛击。他用种种科学的事实，说明了人类的祖先是猴儿，猴儿的祖宗又是阿米巴（变形虫），一切的动物都是远亲近戚。这样一说，人类又有什么特别贵重呢？人类不过是靠一点儿小聪明，得到一些小遗产，走了运，做了生物的官，刮了地球的皮，屠杀动物，砍折植物，**发掘**矿物，以饱自己的肚皮，供自己的享乐，乃复造出种种邪说，自称为万物之灵。

布伦费尔先生，美国的一位先进的细菌学家，正在约翰·霍普金斯大学医院实验室里，穿着白衣，坐在黑漆圆凳子上，俯着头细看显微镜下的某种大肠杆菌，忽然听见我讲到“饱自己的肚皮”一句，不禁失声大笑，没有转过头来，接着就说，带有一半不承认我的话的口气：

“饱谁的肚皮呀？恐怕不仅饱人类自己的肚皮吧？你就不想到人类的肚子里还有长期的食客，短期的食客，**来来往往**临时的食客呀。一个个两条腿走来走去的动物，还是细菌的游行大菜馆呀。”

我本来处于摇摇孤单的地位，硬着胆说了前面的一篇话，已预计会被听众包围问难，被他这一问，倒惊退一步。但他不等我回答，又站起来，回过身倚着试验桌旁，接着**侃侃而谈**。

“不仅人类的肚皮是细菌的菜馆，狮虎熊象、牛羊犬鼠、燕雁鸦雀、龟蛇鱼虾、蛤蚌蜗螺、蜂蚁蚊蝇，乃至于蚯蚓蛔虫，举凡一切有脊椎和无脊椎的动物，只须有一个可吃的肚皮或食管，都是细菌的大小菜馆、酒店。不但如是，鼻孔喉咙还是细菌的咖啡馆，皮肤毛管还是细菌的小食摊，而地球上一沟一尘，一瓢一勺，莫不是它们乘风纳凉饮冰喝茶之所。细菌虽小，所占地盘之大，子孙之多，繁殖之速，食物之繁，**无孔不入**，诚人类所不敢望其肩膊。所以这世界的主人翁，生物的首席，与其让人类窃称，不如推举细菌。”

他说到这里顿了一顿，我赶紧含笑插进去说：

“然则弱小细微的东西从今可以自豪了。你的话一点儿都不错。强者大者不必自鸣得意，弱者小者毋庸垂头丧气。大的生物如恐龙巨象，因为自然界供养不起，早已绝种。现在以鲸鱼为最大，而大海之中不常见。老虎居深山中，奔波终日，不得一饱，看见丛林里一只肥鹿，喜之不胜，又被它逃走了。蚂蚁虽小，而能分工合作，昼夜辛勤，所获食料，可供冬日之需。生物愈小，得食愈易。我不要再拖长了。现在就请布伦费尔先生给我们讲一点儿细菌大菜馆的情形吧！”

布伦费尔先生是研究人类肚子里的细菌的专家。他深知其中的奥妙。

于是这位穿白衣的科学先生又开口了。这一次，他提高嗓门，用庄严而略带**幽默**的态度说：

“我们这一所细菌大菜馆，一开前门便是切菜间，壁上有自来水，长流不息，菜刀上下，石磨两列，排成半圆形，还有一个粉红色活动的地板。后面有一条长长的甬道，直达厨房。厨房是一只大油锅，可以放缩，里面自然产生一种强烈的酸汁，一种神秘的酵汁。厨房的后面，先有小食堂，后有大食堂，曲曲弯弯，千回百转，小食堂备有咖喱似的黄汁，以及其他油呀醋呀，**一应俱全**。大食堂的设备，较为粗简，然而客座极多，可容无数万细菌，有后门，直通垃圾桶。

“形形色色的菌客、菌主、菌亲、菌友，有的挺着胸膛，有的弯腰曲背，有的圆脸儿涂脂搽粉，有的大腹便便，有的留个辫子，有的满面胡须，或摇摇摆摆，或一步一跳，或匍匐而入，或昂然直入。有从前门，有从后门。

“从前门而入者，多留在切菜间，偷吃菜根、肉余、齿垢、皮屑。然而常为自来水所冲洗，立脚不定。不然，若吃得过火，连墙壁、地板、刀柄都要吃，于是乎人就有口肿、舌烂、牙痛之病了。

“这一群食客里面，最常来光顾的有六大族。一为圆脸儿的‘小球菌’，二为像葡萄的‘葡萄球菌’，三为珠脸儿的‘链球菌’，四为硬挺挺的‘阳性格兰氏杆菌’，五为**肥硕**的‘阴性格兰氏杆菌’，六为弯腰曲背的‘螺旋菌’。这些怪姓，经过一次的介绍，恐你们仍记得不清啊。

“在刷牙漱口的时候，这些无赖的客人，一时惊散，但门虽设而常开，它们又不请自来了。

“婴儿呱呱坠地的一刹那间，这所新菜馆是**冷清清**地无声无息。但一见了空气，一经洗涤，细菌闻到腥秽的气味，就争先恐后，一个个从后门踉跄而入。假如将婴儿的肛门消毒，再用一条无菌的浴巾封好，则可经20小时之久，一验胎粪仍杳然无菌迹。一过了20小时之后，纵使后门围得**水泄不通**，而前门大开，细菌已伏在乳汁里面混进来了。

“在母亲的乳汁中混进来的食客以‘双歧杆菌’一族为最多，占99%，其中有时夹着几个‘肠球菌’及‘大肠杆菌’。

“假如母亲的乳不够吃，又不愿意雇奶妈，而去请母黄牛做奶娘，由牛奶所带来的细菌，就**五光十色**了。最多数的不是‘双歧杆菌’而是‘乳酸杆菌’了。此外还有各种各式的‘大肠杆菌’‘肠球菌’‘阳性格兰氏需气芽孢杆菌’‘厌氧菌’等，甚至有时混着一两个刺客，如‘结核杆菌’，那就危险了，所以没有严格消毒过的牛奶，不可乱吃呀！

“在成年的人肚子饿的时候，油锅里没有菜煮，细菌也不来了。一吃了东西，细菌却跟着进来，厨房里就拥挤不堪。但是胃汁是很强烈的，它们未吃半饱，都已淹死了。只有几种‘抗酸杆菌’及‘芽孢杆菌’还可幸免。但是在有胃病的人，胃汁的酸性太弱，细菌仍得以自全，并且如‘八叠球菌’‘寄腐杆菌’等竟毫无顾忌地就在这厨房里组织新家庭，生出无数菌儿菌孙。而那病人的胃一阵一阵地痛了。

“过了厨房，就是小食堂。那里食客还不多。然而食客到了食堂就流连不忍离去，于是有好些都由短期变成长期食客了，这些长期食客中以大肠杆菌为最主要。它的足迹走遍天下菜馆，不论是有色人种也好，无色人种也好，它都认得，每个人的肠内都有它在吃。”

说到这里，白衣科学先生用他纤长的右手的食指，指着桌上那一架显微镜说：

“我在这显微镜上看的就是这一种‘大肠杆菌’。其余的食客恕我不一一详举。

“一到了大食堂，就大热闹起来。摇头摆尾，**挤眉弄眼**，拍手踏足，摩肩攘臂，济济一堂，尽是细菌亲友，细菌本家。有时它们意见不合，争吵起来，扭作一团，全场大乱，人便觉得肚子里有一股气，放不出来。

“快到后门了，菜渣和细菌及咖喱似的黄汁相拌，一变而为屎。1斤屎有四五两细菌哩。然而大部分都是吃得太饱胀死了。

“以上所述，都是**安分守己**的细菌，还有一群专门捣墙毁壁的病菌，那我们不称它们作食客。简直叫它们作刺客暗杀党了。这就再请别位的专家来讲吧！”

灰尘的旅行

灰尘来自很多地方，甚至是外太空。有些灰尘对人类是有害的，所以要注意个人卫生，在灰尘比较严重的时候，需要佩戴口罩。

灰尘是地球上永不疲倦的**旅行者**，它随着空气的动荡而飘落。

我们周围的空气，从室内到室外，从城市到**郊野**，从平地到高山，从沙漠到海洋，几乎处处都有它的行踪。真正没有灰尘的空间，只有在实验室里才能制造出来。

在晴朗的天空下，灰尘是看不见的，只有在太阳的光线从百叶窗的**隙缝**里射进黑暗的房间的时候，才可以清楚地看到无数的灰尘在空中飘舞。大的灰尘肉眼固然也可以看得见，小的灰尘比细菌还小，就用显微镜也观察不到。

根据科学家测验的结果，在干燥的日子里，城市街道上的空气，每立方厘米大约有 10 万粒以上的灰尘；在海洋上空的空气里，每立方厘米大约有 1000 多粒灰尘；在旷野和高山的空气里，每立方厘米只有几十粒灰尘；在住宅区的空气里，灰尘要多得多。

这样多的灰尘在空中游荡着，对于气象的变化产生了不小的影响。原来灰尘还是制造云雾和雨点的小工程师，它们会帮助空气中的水分凝结成云雾和雨点，没有它们，就没有白云在天空遨游，也没有大雨和小雨了。没有它们，在夏天，强烈的日光将直接照射在大地上，使气温不能降低。这是灰尘在自然界的功用。

在宁静的空气里，灰尘开始以不同的速度下落，这样，过了许多日子，就在屋顶上、门窗上、书架上、桌面上和地板上，铺上了一层灰尘。这些灰尘，又会因空气的动荡而上升，风把它们吹送到遥远的地方去。

1883 年，在印度尼西亚的一个岛上，有一座叫作克拉卡托的火山爆发了。在喷发的时候，岛的大部分被炸掉了，最细的火山灰尘上升到 8 万米——比珠穆朗玛峰还高 8 倍的高空，**周游**了全世界，而且还停留在高空一年多。这是灰尘最高最远的一次旅行了。

如果我们追问一下，灰尘都是从什么地方来的？到底是些什么东西呢？我们可以得到下面一系列的答案：有的是来自山地的岩石的碎屑，有的是来自田野的**干燥**土末，有的是来自海面的由浪花蒸发后生成的食盐粉末，有的是来自上面所说的火山灰，还有的是来自星际空间的宇宙尘。这些都是天然的灰尘。

还有人工的灰尘，主要是来自**烟囱**的烟尘，此外，还有水泥厂、冶金厂、化学工厂、陶瓷厂、锯木厂、纺织工厂、呢绒工厂、面粉工厂等，这些工厂都是灰尘的制造所。

除了这些无机的灰尘之外，还有有机的灰尘。有机的灰尘来自生物的家乡。有的来自植物之家，如花粉、棉絮、柳絮、种子、孢芽等，还有各种细菌和病毒。有的来自动物之家，如皮屑、毛发、鸟羽、蝉翼、虫卵、蛹壳等，还有人畜的粪便。

有许多种灰尘对于人类的生活是有危害性的。自从有机物参加到灰尘的队伍以来，这种危害性就更加严重了。

灰尘的旅行，对于人类的生活有什么危害性呢？

它们不但把我们的空气弄脏，还会弄脏我们的房屋、墙壁、家具、衣服以及手上和脸上的皮肤。它们落到车床内部，会使机器的光滑部分磨坏；它们停留在汽缸里面，会使内燃机的活塞发生阻碍；它们还会毁坏我们的工业成品，把它们变成废品。这些还是小事。灰尘里面还**夹杂**着病菌和病毒，它们是我们健康的最危险的敌人。

灰尘是呼吸道的破坏者，它们会使鼻孔不通、气管发炎、肺部受伤，而引起伤风、流行性感冒、肺炎等传染病。如果在灰尘里边混进了结核菌，那就更危险了。所以必须禁止随地吐痰。此外，金属的灰尘特别是铅，会使人中毒；石灰和水泥的灰尘，会损害我们的肺，又会**腐蚀**我们的皮肤。花粉的灰尘会使人发生哮喘病。在这些情况之下，为了抵抗灰尘的进攻，我们必须戴上面具或口罩。最后，灰尘还会引起爆炸，这是严重的事故，必须加以防止。

因此，灰尘必须受人类的监督，不能让它们乱飞乱窜。

我们要把马路铺上柏油，让喷水汽车喷洒街道，把城市和工业区变成花园，让每一个工厂都有通风**设备**和吸尘设备，让一切生产过程和工人都受到严格的保护。

近年来，科学家已发明了用高压电流来捕捉灰尘的办法。人类正在努力控制灰尘的旅行，使它们不再成为人类的祸害，而为人类的利益服务。

1956年10月

细菌的祖宗——生物的三元论

细菌的祖宗是谁？细菌是应归为植物，还是动物，或者是自归为一类？

中国人最尊重的就是祖宗，所以现在我要谈起细菌的祖宗，一定很合你们的胃口，你们听了总不会十分讨厌吧。

不过，我们中国人从来是**重男轻女**，所谓祖宗都是指父党而言，和母亲娘家的人是毫无关系的。每逢年节，祭祖扫墓的事不都是纪念父系这边的死人吗？

细菌这生物，不分男女，不别雌雄，就有，也都一律平等，没有什么轻重，所以科学家不论是在显微镜下观察，或者是在玻璃器里试验，不知费了多少精神，几许工夫，总不能辨出它们，哪个是公，哪个是婆，哪个是夫，哪个是妇。

细菌的祖宗究竟是谁呢？

古今中外的帝王都有年谱，世家也有列传。细菌族里可惜没有族谱，而且从来没有人替它们立传。所以菌族先世的性状并没有记载可寻。

于是生物学者就纷纷议论起来了。

人类和细菌初次**会面**还不过是260多年前的事。中国人虽常吃香蕈、蘑菇，然而这些都是大菌，和细菌无干。

有人说香蕈、蘑菇之类的大菌便是细菌的祖宗。提出这个意见的人以为小的生物都是从大的生物而来。例如蚂蚁、蜜蜂、蝴蝶、苍蝇以及其他一切昆虫的祖宗，就是古生物时代号称为大海霸王的“三叶虫”。在当时三叶虫的躯体庞大无比，横行水中，水中小鱼小兽见了它都很羡慕，谁想到它后代的子孙，都是那么小小的。

又如龟、蛇、鳄鱼这一类的动物，它们的祖宗，也曾在大陆上横行过一时，那时代就叫作爬虫时代。那些爬虫，如恐龙、怪蟒之类，都是顶大顶可怕的 。

就是我们人类的祖宗，原始人的躯体听说也比现代人大了好些。这些不都是生物从大而小的证据吗?

然而有些微生物学者听了这话又大**不以为然**了。据他们说单细胞生物是多细胞生物的祖宗，而单细胞生物却比多细胞生物小。这样一说，生物的演变，又是由小而大了。

据说最近几十年内，微生物学者又发现了好几种有生命的小东西，小到连显微镜下都看不见，因而称作“超显微镜的生物”。那么，这些超显微镜的生物，是不是细菌的祖宗，而细菌又是不是其他一切生物的祖宗呢?

但是超显微镜的生物，也和细菌一样，也和香蕈、蘑菇一样，都不能**独立自主**地生活，都须寄生于其他生物的身上。这样一说，就都没有做祖宗的资格，因为没有主人不会有客人，没有其他生物之先哪里会有寄生物呢？

这岂不是像细菌这一类的东西，只配做人家的儿孙，不配做人家的祖宗吗？

生物学者向来强把生物分作两大界：一界是植物，一界是动物。

我以为既分作两界，不如分作三界。另添的一界是菌物，就是指香蕈、蘑菇和细菌这一类的东西。

分作两界最大的理由，是因为植物体内有“叶绿素”，靠着这叶绿素的力量，它会利用阳光，将水及二氧化碳综合起来变成糖类。动物却没有这个本事，这是动植物两界基本上不同的地方。

其次，就是因为动物能行动自由，不受土地的束缚，而植物则非连根带泥拔出来，就动不得，偶尔身上长有鞭毛或纤毛，然而也只能使局部略略飘动罢了，并不是全身的迁移。

又其次就是因为动物须到处寻找食物，所以具有敏锐的感觉神经，而植物无须仔细去辨别食物，所以并没有像动物那样敏锐的感觉。

又其次就是因为这两界的生物的形态大不相同。动物的身体都是缩作一团，上面有一条孔道可通食物，又具有消化器。植物所吃的东西都是气体和液体，这些东西四处都有，又无须经过消化的手续，所以它们的“枝”“干”“叶”“根”都是四面张开。

现在大个子的菌物，如香蕈、蘑菇之类，都是附着树干上而生，它们的外貌和植物没有两样，所以生物学者都把它们认作植物，可是它们的内部并没有一点儿叶绿素。没有叶绿素又怎样配称作植物呢！

至于细菌这一类小小的东西，固然有的也在土中生长，有的也随着空气而飘荡，有的也在水中**随波逐流**，有的竟漂泊到动植物身上去，就是你们人类的肚子里也有它们的踪迹。它们身上的鞭毛又很活泼，在液体中游动起来，真比汽船、潜艇还快，这些都充分地表示它们是可以自由行动，并不受土壤的**节制**。况且它们身上也没有一丝一毫的叶绿素，这样看来应当把它们归于动物一界了。

然而生物学者犹豫了半世纪之久，后来到底因为它们的生活状态极似大菌，终于通过列它们于植物之界了。

细菌族里还有一位螺大哥，它们的形状弯弯曲曲，很像螺丝钉，因为它身上没有鞭毛，靠着它自身一弯一曲的力量，而能飞快地游动，因此有时生物学者又把它拉入动物之界了。

这似乎有点儿不公平。这是生物学传统的观念，以为生物只能有两界，不是植物，便是动物，只看形式，不顾实际。

植物固然有叶绿素，能自制糖。这糖便是植物自身的食料，但它却是造得太多了，而有过剩，这些过剩的食料便送给动物吃了。

动物因为有**消化**器，所以能把这些植物所过剩的食料，分解了而又重新综合起来，变成自身组织的结构。若植物只管制造食料，动物只管吞吃食料而没有第三者出来代自然界收回这些原料，以供植物的再取再用，那生物界就有绝食之虞了。

这第三者的工作，就是菌物界的各分子来担任了。

香蕈、蘑菇的工作，就是去分解树皮、树干、树枝、树叶这一类坚硬的东西，使它们软化，然后昆虫吃了才能消化。

细菌的工作，就是去**分解**动物的尸身，把它们变成各种无机物，以供植物直接从土中吸收。

由此可见生物的循环，有三大段：第一段是植物的工作，第二段是动物的工作，第三段便是菌物的工作了。

生物既分作三界了，菌族的地位，也就**名正言顺**，落落大方，不必依傍他物了，于是菌族的祖宗也就有些眉目可寻了。

这些眉目在哪里呢？

我们现在请达尔文先生出来做见证吧。在达尔文先生的《物种起源》里，一切生物的**进化**程序，可以说都是由简单而复杂。

这样一说，单细胞生物无疑地是多细胞生物的祖宗了。

“阿米巴”是最简单的单细胞动物，于是阿米巴就做了动物界的祖宗了。青苔是最简单的单细胞植物，于是青苔就做了植物界的祖宗了。细菌是最简单的单细胞菌物，于是细菌也就做了菌物界的祖宗了。

这三界是一样的重要，缺一不可，这是生物的三元论。

阿米巴、青苔和细菌是生物的三位“教主”。然则谁是生物的“太上老君”呢？那就渺渺茫茫无从考据了。

清水和浊水

自然界中存在着大量的水，有的清，有的浊，不同的水里面含有的细菌数量也是不同的。什么样的水才是最洁净的呢？

去年夏天各省抗旱，今年夏天江河**泛滥**，农民叫苦连天，饿尸遍野，水的问题够严重的了。

伍秩庸先生论饮水说：

“人身自呼吸空气而外，第一要紧是饮水。饮比食更为重要，有了水饮，虽整天地饿，也可以**苟延**生命。人体里面，水占七成。不但血液是水，脑浆78%也都是水，骨里面也有水。人身所出的水也很多，口涎、便溺、汗、鼻涕、眼泪等都是。皮肤毛管，时时出气，气就是水。用脑的时候，脑气运动，也是出水。统计人身所出的水，每天75两。若不饮水，腹中的食物渣滓填积，多则成毒。果能时时饮水，可以澄清肠脏腑的积污，可以调匀血液使之流通畅达，一无疾病。”这一篇话，自然是根据生理学而谈。于此可见，水的问题对于人生更密切了。

然而，一杯水可以活人，一杯水也可以杀人。水可以解毒，也可以致病。于是水可以分为清水和浊水两种，清水固不易多得，浊水更不可不预防。

18世纪中，英国大化学家卡文迪什在试验氢与氧的合并时，得到了纯净的水。后来法国大化学家拉瓦锡**证实**了这个试验，于是我们知道水是氢和氧的化合物。这种用化学法来综合而成的水，当然是极纯净极清洁的了。然而这种水实在不可多得，只好用它做清水的标准罢了。

一切自然界的水，多少总含有一些外物。外物愈多则水愈浊，外物愈少则水愈清。这些外物里面，不但有矿物，如普通盐、镁、钙、铁等的化合物之类，还有有机物。有机物里面，不但有**腐烂**的动植物，还有活的微生物。微生物里面，不但有普通的水族细菌，如光菌、色菌之类；还有那些专门害人的病菌，如霍乱弧菌、伤寒杆菌、痢疾杆菌之类。

自然界的水的来源，可分为地面和地心两种。地面的水有雨水、雪水、雹、冰、浅井、山泽、江河、湖沼、海洋等。地心的水就是深井的泉水。

雨水应当是很干净的了。然而当雨水下降的时候，空气中的灰尘愈多，所带下来的细菌也愈多。据巴黎门特苏里气象台的报告，巴黎市中的空气，每1立方米含有6040个细菌；巴黎市中的雨水，每1升含有19000个细菌。在野外**空旷**之地，每1升的雨水，不过有一二十个细菌。

雪水比雨水浊，这大约是因为雪块比雨点大，所冲下的灰尘和细菌也较多吧。然而巴斯德曾爬上阿尔卑斯山的最高峰去寻细菌，那儿的空气极清，终年积雪，雪里面几乎是完全无菌的了。

雹比雨更浊。1901 年的 7 月，意大利拍杜亚地方下了一阵大雹，据白里氏检查的结果，每 1 升雹水至少有 140000 个细菌。这或是因为那时空气动荡得很厉害，地上的灰尘吹到云霄里去，雹是在那里结成的，所以又把灰尘包在一起，带回地上了。

冰的清浊，要看是哪一种水结成的。除了冰山、冰河以外，冰都是不大干净的啊，因为在冰点的低温度，大多数的细菌都能保持它们的生命啊。

浅井的水，假如井保护得法，或上设抽水机，细菌还不至于太多。若井口没有盖，一任灰尘飞入，那就很污浊了。

山涧的水，不使粪污流入，较为清净，所含的微生物，多是土壤细菌，于人无害，但经一阵大雨之后，细菌的数目立刻增加了好几倍。

江河的水最是污浊，那里面不但有很多水族细菌和土壤细菌，而且还有很多的粪污细菌，这些粪污细菌都有传染疾病的危险呀。粪污何以曾流入江河里面呢？这都是因为无卫生管理，无卫生教育，于是一般无训练的民众都认为江河是公开的垃圾桶。在这一个大错之下，不知枉送了多少性命呀。

湖沼的水比江河为净。水一到了湖就不流了，因为不流，那儿无数的细菌都自生自灭，所以我们说湖水有自动清洁的能力，而以湖心的水比傍岸的水尤为清净少菌。

海水比淡水为净。离陆地愈远愈净。1892 年英国细菌学家罗素在那不勒斯海湾测验的结果，在近岸的海水中，每 1 立方厘米有 7 万个细菌；离岸 4000 米以外，每 1 立方厘米的海水，只有57个细菌了。在大海之中，细菌的分布很平均，海底和海面的细菌几乎是一样的多。

由地心涌出的泉水和人工所**开掘**的深井的水是自然界最清净的水。据文斯洛的报告，波士顿的15个自流井，平均每1立方厘米只有18个细菌。水清则轻，水浊则重。清高宗曾品过通国之水，以质之轻重，分水之上下，乃定北平海淀镇西之玉泉为第一。玉泉的水有没有细菌，我们没有试验过，就有，一定也是很少很少的了。

水的清浊有点儿像人，纯洁的水是化学的理想，纯洁的人是伦理学的理想，不见世面，其心犹清，一旦为社会灰尘所**熏染**，则难免不污浊了。

清水固然可爱，然而有时偶尔含有病菌，外面看去清澈无比，里面却包藏祸心，这样的水是假清水，这样的人是假君子，其害人而人不知，反不如真浊水、真小人之易显而人知预防。而且浊水，去其细菌，留其矿质，所谓硬性的水，饮了，反有补于人身呢。

化学工作上，常常需要没有外物的清水。于是就有蒸馏水的发明，一方将浊水煮开，任其蒸发，一方复将蒸汽收留而**凝结**成清水。这种改造的水是很清净无外物的了。

医学上用水，不许有一粒细菌芽孢的存在。于是就有无菌水的发明。这无菌水就是将装好的蒸馏水放在杀菌器里消毒，将水内的细菌一概杀灭。这样人工双重改造过的水，是我们今日所有最纯净的清水了。

浊水还可以改造为清水，人呢？

1935年9月10日

地球的繁荣与土壤的劳动者

生命的最初是从土壤中产生的，而土壤中食料的供给靠的是谁呢，是蚯蚓吗，还是人类的锄头呢？

吾乡福州，**环山抱海**，在人迹未到之前，原是闽江北岸鼓山脚下一片荒地，几块乱石而已。后来，由苗民部落，而田舍、小村、小镇，而县城，而府治，而今日福建的省会，其间也曾做过好几年帝王的宫城，至今城内犹留下三座秀丽的小山——于山、乌石山及屏山，是当初的三块大石头，当苗民初来时，荆棘野草满目，不堪行人。后经他们一步一步地踏成羊肠小径，渐渐化为泥路。汉族移民到此，把它砌成为石子路，又改造为石板路。吾家在于山之麓，我幼时，到明伦小学去读书，天天从家里出来，要转好几个弯，这些石板路，是走得极其纯熟的了。谁知15年之后，回到故乡，已街道改观，不识旧人，三坊七巷之间，都是**宽大平坦**的马路了。

由羊肠小径变成平坦大道，由荒野乱石变成热闹的都市，这个浩大的工程，谁的功，谁的力，谁的汗滴成的呢？

埃及的金字塔，中国的万里长城，欧洲各处的大教堂、皇宫，纽约的摩天大厦，地球上一切伟大的建筑物，君王只须一道命令，阔佬只须一张支票，工程师不过绞了一点儿脑汁，谁在那里天天流汗、呼喊、挣扎而造成的呢？这些建筑物，千古长存，任人凭吊，而流汗的大众却早已被后人所遗忘了。

太阳是群星的一颗，地球又是太阳的一粒碎片，福州只是地球上的一抔黄土，几根青苔而已，那些大的建筑物，在地图上，却不过是一点一圈一横一直罢了。

地球是我们人类的家乡。地球的年龄，据地质学家的估计，大约是46亿年。当它初从太阳怀里落下来的时候，是一团火焰，熔化着各种元素。后来慢慢地冷下来了，凝结成了一块橘子形的大石头，直径不及13000公里，地心犹是火焰，地面是热腾腾的蒸汽。后来地面起了皱纹了，凹凸不平，凹处蒸汽冷了，变成海洋，凸处成为高山。高山的岩石，被风霜冰雹打成碎片散沙，为大雨所冲洗而下，随江河的急流而入于海。这些散沙，在海底浸润了几千万年之久，变成烂泥，等到了环境和气候都适合于生物生存的时候，于是小小的生物，如阿米巴、海藻之类，斯斯文文，不慌不忙地，从烂泥中，一个个跳出来，和太阳行见面礼。这时候的地球是阿米巴和海藻的世界了。

又过了几千万年之后，三叶虫出世，夺了阿米巴的宝座，自称为大海霸王，如今一切的昆虫，都是它后代的儿孙。

再过了几千万年，大鱼小鱼都出世了，还有一跳一跳的癞蛤蟆也跟着后面来了。有一天癞蛤蟆露出头来在水面观光，发现了陆地，大喜，哇的一声，一跃而上，觉得这里倒很清净，从那天起，时时带它的老婆儿女，出没于水陆之间，号称两栖。这时候陆地上也有了一层烂泥了。

由于蛤蟆的领导，大海里的动物，都要爬到陆地上去觅食，但是它们水里游泳已惯，一旦爬上岸，只得匍匐蹒跚而行，后来觉得陆地上有趣，都不肯回到水中，于是就有爬虫类的出现。这些洪荒时代的爬虫，都是奇形怪状，**庞大无比**。它们**无时不在**追捕弱小的动物，以充饥肠。弱小的动物，被它们迫得无处逃生，经过几百万年的奋斗，果然有一天，前身两臂渐渐化成翅膀，奋力一伸，飞上天空，于是天空就有了飞鸟了。

地面上的气候，一天比一天冷了。赤身光体的爬虫，抵不住寒风的侵袭，为应付新环境，自然界就产生了哺乳类动物。有些哺乳类全身都有很厚很长的毛，可以**御寒**。它们又感到卵生之不便，把孵育的工作收回子宫里面，等到胎儿的雏形完成之后，才离开了母体。胎儿出生之后，又把它放在安全的地方，喂以母乳，教之觅食，直到长成能自往觅食为止。这时候陆地上已有了森林了。

哺乳类动物以猿猴为最聪明。它利用了两手攀登树木，剖吃果实，渐渐有了起立步行之势。

大脑渐渐地发达了，有了记忆力，就发生了情感作用；有了想象力，就发生了理智作用。结合情感与理智，便有了创作发明的力量，于是原始人竟和猴子有些不同了。他看见地上有许多石子和火石，就拣几个起来，制成种种石器，或粗或细，可以猎食，可以防身。由原始人到现在，据说已有50万年的光阴了。至少，在第四次冰河退走之后，第一个和现代人一样身材容貌之真人出现的时候，距今也有25000年了。

石器时代过去了。人类分支繁殖起来，征服了动植物，居然做了地球上唯我独尊的主人翁了。由**狩猎**的生活而进为渔牧的生活，而进为耕种的生活，而进为工厂机械商人的生活了。由野人一变而为酋长，由酋长一变而为国王、皇帝，由国王、皇帝一变而为资本家，资本家一亡，便为劳动者的世界了。由于怕鬼怕天怕黑暗而入于神学的思想，神学不足信，乃代以玄学，玄学不足信，乃代以科学发达起来，于是火车、汽车、轮船、飞机、无线电、120层摩天楼、电梯，一上一下，飞来飞去，时东时西，忙个不了，流线形的生活，穷极物质之奢，把地球的面皮抓得怪痒怪难受的。假使原始人复活起来，走到南京路上，一定**目瞪口呆**，东张西望，不知怎样是好，手里所存的一块石头也忘其所用了。现代人果然厉害！

然而，追本还原，生物的原始，是从烂泥中出来的，地面上一切生物的繁荣，也都靠着烂泥里面食料的**供给**，源源不绝。人类一切的进步，科学一切的发明，也都要归功于烂泥。烂泥是一切生命创作的源泉啊。

烂泥就是土壤。土壤的结构，是矿物的粉粒与有机物的碎片相拌，再和以水或空气。有机物是由于动植物的尸身分解而来。动植物的死亡相继不已，则有机物的供给无穷。然而矿物的粉粒有时不足。徒有有机物而无矿物，则是垃圾堆，不是土壤。徒有矿物而无有机物，则是沙滩，也不是土壤。

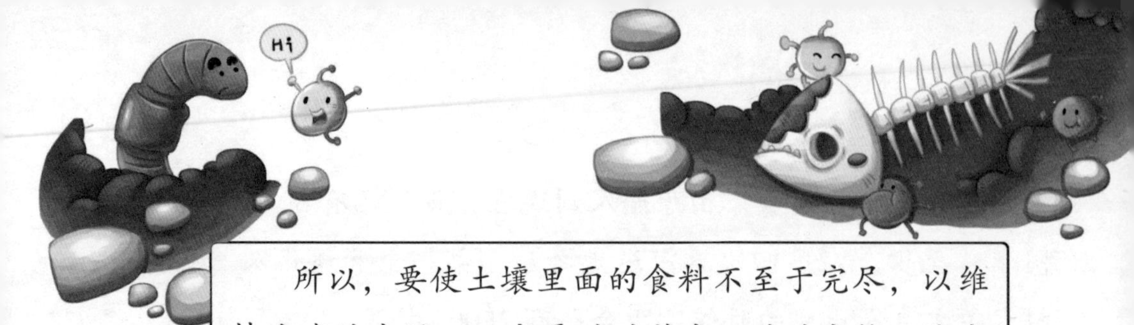

所以，要使土壤里面的食料不至于完尽，以维持地球的生活，一定要时时补充，时时变换。这变换和补充的职务，谁能担任呢？谁是土壤的劳动者呢？

是蚂蚁吗？是蚯蚓吗？

蚂蚁、蚯蚓，在土壤里，钻来钻去，忙的是自己的吃饭和居住的问题，不过它们奔走的结果，确有松解土壤之功，使空气得以流通，然而对于变换和补充土壤的工作，它们是丝毫没有能力的啊。

是人类的锄头吗？是农人所施种的**肥料**吗？

锄头也不过是松解土壤，肥料只是增加土壤里有机物的容量而已。

土壤的劳动者，就是我们肉眼看不见的小宝宝，叫作细菌啊。土壤里细菌的生生世世，唯一的工作，唯一的使命，就是变换土壤的性质，补充土壤的原料。这等工作，除了土壤的细菌以外，断非其他生物所能胜任。

大多数的细菌，都盘踞在离地面5—25厘米深的土壤里面。入土愈深则细菌愈少，在含湿气多的土壤，1米深以下，就几乎完全没有细菌了。在经人**灌溉**过的松软的土壤里面，到了2.5米深，还有细菌。

每克的土壤，含有300万至2亿个细菌。有这样多的细菌在那里工作，无怪乎土壤常常都是又肥又新鲜。

自阿米巴以至于人类，自青苔、绿藻以至于大树上的残花枯叶，地球上一切的生物，不死则已，死了都要归入土中。细菌见了，就围着吃，慢慢地把它们身上的复杂的蛋白质，或纤维素，一点儿一点儿地都分解下来。有的变成二氧化碳，送入空气中。有的变成氨，又氧化成为硝酸盐，这硝酸盐就是植物的最重要的一种食料，植物的根可以从土中自由吸收。硝酸盐是土壤的宝藏，它的供给所以能源源而来者，就是靠着土壤细菌，**昼夜不息**的工作啊。土壤细菌实是地球上最重要的劳动者，土壤的变换与补充，实是地球上最浩大的工程。

然而，在这资本主义还没有完全消灭的时代，劳动者还是被人看不起，小小的土壤细菌，能引起人类的注意吗?

1935年10月9日

细菌学的第一课

实验室里是如何培养细菌的，会用到哪些仪器，以及供养细菌要提供哪些食物呢？

《读书生活》的编者要我写一篇生活记录。我想一想，我过去的生活，自己以为最值得写出来的，还是在美国芝加哥大学研究细菌学的那几年。但是若都把它记录出来，要成一部书。所以只拣出第一天上细菌学的第一课时的情景，一一追述，比较浅显而易见，使读书好像也站在课堂和实验室的门口，或踮着脚尖儿站在玻璃窗前面，望望里面，看看有什么好看，听听讲些什么，也不至于白费这一刻读书工夫罢了。关于细菌学，我已在《读书生活》第二卷第二期起，写过一篇《细菌的衣食住行》。此后仍要陆续用**浅显**有趣的文字，将这一门神秘奥妙的科学，化装起来，不，裸体起来，使它变成不是专家的奇货，而是大众读者的点心兼补品了。细菌学的常识的确是有益于卫生的补品，不过要**装潢美雅**，价钱便宜，而又携带轻便，大众才能吃，才肯吃，才高兴吃，不然不是买不起，就是吃了要头痛胃痛呀！

立克馆在芝加哥大学，是美国最老的细菌学府，是人类和恶菌斗争的一个总参谋机关。

1926年的夏天，那天我正在立克馆第七号教室，上细菌学的第一课，同班只有两个美国哥儿，两个美国小姐，一个卷发厚唇的美洲黑人，连我共6人。大家都怀着**新奇**的希望，怀着电影观众紧张的心理，心里痒痒地等候着铃声。铃声初罢，一位戴白金丝眼镜的人，穿着白色医生制服，踏着大学教授的步子进来了，手里还抱着一大包棉花。

“细菌学是一个新生的科学婴孩呀……250年以前有一位列文·虎克先生，列文·虎克先生是荷兰人呀，他顶会造显微镜，他造的显微镜比别人都好呀……巴斯德先生看见一个法国小孩子被疯狗咬了，心里很难过……柯赫先生发现了结核杆菌，德国的民众都**欢天喜地**，全欧洲都庆贺他，全世界都感激他……现在日本有一位野口博士亲自到非洲去，得了黄热病，就拿自己的血来试验……我们立克馆的馆长——左当博士也是一个细菌学的巨头，没有他和他的同事的努力，巴拿马运河是建不成功的呀；没有他，芝加哥的水仍会吃人的呀……”他娓娓动人地说了一大篇。

“现在我要教你们做棉花塞。”他一边解开棉花一边换一个音调继续说，“棉花塞虽是小技，用途很大。我们所以能寻出种种病原菌，它的**功劳**就不小，初学细菌学的人第一件事要先学做棉花塞。原来棉花有两种：一种好比海绵，见了水就淋淋漓漓地湿作一团；一种好比油布，沾一点儿水不至于全湿。我们要用第二种。拿一些这种不透水的棉花，捏作一丸，塞进玻璃管便可划分成了内外两个世界，七分塞进里面，不松不紧，外界的细菌不得进去，内界的细菌不得出来。若把内界的细菌用热杀尽，内存的食品就永远不臭不坏。”说到这里他将棉花分给我们6个人各自练习。此时窗外热气腾腾，窗内热汗滴滴，我一面试做棉花塞，一面**品味**白衣教授的话。

我们每人都塞满了一篮的玻璃瓶试管了。接着他就**吩咐**我们每人都去领一只显微镜，再到第十四号实验室里会齐。

我从仪器储藏室的小柜台口领到一个沉重的暗黄色木箱子，一手提嫌太重，两手提嫌太笨，后来还是两手分工轮流着提。回到了立克馆，出了一身汗，进了第十四号实验室，看到同班人都穿了白色制服，坐在那长长的黑漆的试验桌前面，有的头在俯着看，有的手在不停地**擦拭**，每一位桌上都装有一个电灯和一个自来水龙头。我也穿了白衣，打开我的木箱子，取出一件黑色古董，恭恭敬敬地把它放在桌上。

这时候进来了一个矮胖子，神气不似教授，模样不似学生，也穿着白色制服，手里捧着一个铁丝篮，篮里装满了有棉花塞的玻璃试管，跟在他的后面的就是那位白衣教授。

我也不顾他们了，醉心地玩弄我的黑色古董。那黑色古董，远看有点儿像高射炮，近看以为是新式西洋镜。上面有一个圆形的抽筒可以升降；中间有一个方形的镜台可以前后摇摆左右转动；下面是一个铁蹄似的座脚，全身上下大大小小共有六七个镜头：看起来比西洋镜有趣多了。忽然从我的左肩背后伸过来一双毛手，两指间夹着一个有棉花塞的试管，盛着半管的黄汗。

“请你抽出一点儿涂在玻璃片上，放在镜台上看吧。”这是白衣教授的声音，于是我就照着他所指导的法子，一步一步地去做。

“这是像一串一串的黑珠呀。”我用左眼，又用了右眼，一边看一边说。

“我看的这一种像葡萄呀。”一位鹰鼻子美国哥儿的声音。

“我所看的像钓鱼的竹竿。”黑人说。

“这有点儿像马铃薯呀。”那位金黄头发的小姐说。

“我的上帝呀！这像什么呢？”我隔壁那位戴眼镜的美国哥儿忽然立起来对我说，“密司脱高，请你看看，这一种细菌**东歪西斜**不是很像中国字吗？”

“这倒像你们西洋人偶尔学写中国字所写的样子呢，我们中国字是方方正正没有那么歪歪斜斜呀。”我看了一看就笑着说。

还有一位美国小姐没有作声，忽然“啪嚓”一声她的玻璃片碎了。于是白衣教授就走近她的位子**郑重**地说：“我们用显微镜来观察细菌的时候，要先将那抽筒转到最下面至与玻璃片将接触为止，然后，在看的时候，慢慢地由低升高，切不可由高降低，**牢记**这一点道理，玻璃片就不至于破碎，镜头也不至于损坏了。”

那位小姐点着头，红着脸，默默地收拾残碎的玻璃片。

看过了细菌，白衣教授又领了我们6人出了实验室，走不到几步便闻见一阵烂肉的臭气，夹着一种厨房的气味，刚推开第十八号实验室的一扇门，那位矮胖子又出现了，正坐在那大大长长粗粗的黑桌子旁边，左手里握着 4 只玻璃试管，右手的拇指和食指捏着长圆形的玻璃漏器下面的夹子，一捏一捏的，黄黄的肉汁，就从漏器中泻到那一只一只的试管里面。他的动作很快，很纯熟，满桌满架上排着的尽是玻璃管、玻璃瓶、玻璃缸、玻璃碟，或空或满，或污或洁，大大小小，**形形色色**，更有那一筒一筒的圆铁筒，一篮一篮的铁丝篮，一包一包的棉花，和其他零星的物件，相伴相杂。满房里充满了肉汁和血腥的气味。

“这一个大蒸锅里面煮的是牛肉汤，”白衣教授指着另一张桌上一只大铜锅，锅底下面呼呼地烧着大煤气炉，“牛肉汤加上琼脂（琼脂是一种海草，煮化了会凝结成一块）就变成牛肉膏，再加上糖变成蜜饯牛肉膏，又甜又香又有肉味，此外还预备有牛奶、鸡蛋、牛心、羊脑、马铃薯等，这些都是上等补品。我们天天请客，请的是各处来的细菌，细菌吃得又胖又美，就可以供我们**玩弄**，供我们试验了……”

他没有说完，在他背后那个角落，我又发现了一个新奇、庞大、长圆形横卧在铁架上的一个黄铁筒，仿佛像火车头一般，上面没有那突出的烟筒和汽笛，但有一个气压表、一个寒暑针、一个放气管插在上面，筒口有圆圆的门盖，半开半闭，里面露出一只装满了玻璃试管的铁丝篮。后来他告诉我们这是“热压杀菌器”，用高压力的蒸汽去杀尽细菌。

他推开后面那一扇门，让我们一个个踏进去。不得了，这里有动物的臭气腥味冲进鼻子里。一阵猫的尿气，一阵老鼠的屎味，一阵兔毛拌干草的气味，若不是还有一阵臭药水的味，鼻子就要不通气了。这里有更多更大的铁丝篮，整齐地分设两旁，一层一层一格一格地排着，每篮都有号数。篮中的动物看见我们走近，兔子就缩头缩耳地往后退却。猴就张着眼睛上下眺望，猫就伸出爪，小白老鼠**东窜西窜**，还有那些半像猪半像鼠的天竺鼠正吃萝卜不睬我们呢。

“这些动物都是人类的功臣，”那教授又扬起声音说了，“代我们病，代我们死，病菌生活的原理，都是用它们来查的啊。我们天天忙着，不是山羊抽血，就是豚鼠打针，不是老鼠毒杀，就是兔子病死，不是猫开刀，就是猴灌药，手段未免过辣，成效却非常伟大，现代医学的进步不知**牺牲**了多少这些小畜生啊！……”

他说完了，又引我们看了后面的羊场。一只大母羊三只小山羊见了我们拔腿就跑。

出来我们又参观了冰箱和暖室，他又指示我们每人的仪器柜和衣服柜，我们就把木箱子的古董锁在仪器柜里面，脱了白衣锁在衣服柜里面。此时，开始时的臭味腥气都被新奇的幻想所冲散了。

出了立克馆就是爱丽斯街，街上来来往往都是高鼻子的男女学生，唱着歌儿，呼着“哈罗”，说说笑笑，嘻嘻哈哈的，夹着书本，迈着大步走。我也夹杂在其间，心里在微微地笑，一步一步都**欣然自得**，像哥伦布发现了新大陆。

毒菌战争的问题

在战争年代，细菌曾被用来作战，即向他国投放致病或有毒的细菌。该如何看待这种行为呢？

东非的炮声没有停，华北已经流了血，莱茵河的杀气腾腾，太平洋的**阴风惨惨**，战神的列车就要开到了，他的宣传队正在四处活动。

在这风云紧急的当儿，又传来了一个惊人的消息：

这一次世界大战，各交战国要请毒菌来助战了！

帝国主义者也要散布毒菌来消灭我们吗？

这真是科学的**耻辱**，人类的大不幸。

这在侵略者，是极端的残酷；在被压迫者，是无限的悲哀。

弱小的民族们，认清吧！

这是告诉我们，列强的军事野心家，投降了微生物界，勾结了苍蝇、疟蚊、鼠蚤、臭虫，做了恶菌的前驱、内应，而出这人类自杀的毒策。

这些想要利用毒菌战争的人，简直就是人类的汉奸，就是

“人奸”。

毒菌，穷凶极恶的毒菌，在过去人类的历史，就有不少惨痛的伤痕，全人类几乎被它们灭亡了好几次。

穷凶极恶的“鼠疫菌”，人类最可怕的恶敌，欧洲14世纪黑死病的**恐怖**，就是由它行凶，印度在20年之间给它害死了1025万人。

穷凶极恶的“霍乱菌”，单在19世纪中，就有六次扫荡了全世界；不到1个月的工夫，伦敦一市有4000死尸，巴黎一市有死尸7000。

穷凶极恶的“流行性感冒菌”，在1918—1919年几个月的期间所杀死的人，比第一次世界大战4年间所死的还要多。

还有其他穷凶极恶的毒菌，有急性的，有慢性的，都不断地向人类进攻。我们的一生，有哪一刻不受着它们的威胁呢？

然而现在的毒菌的**威风**已经稍煞了。

这自然是科学家的功劳。

科学的精神是国际合作。科学家是不论国籍，不分国界，而肯牺牲一切，共向人类幸福的前程，努力迈进。

不料，从第一种毒菌“炭疽杆菌”的发现以来，才有60年，防御和救治传染病的方法，还没有完全成功，现在竟有这样黑心眼的人，妄想把毒菌当战器，来**屠杀**自己的同类了。

这不是科学界最矛盾、最沉痛的一件事吗？

这样的人在法国，就对不起巴斯德；在德国，就对不起柯赫；在英国，就对不起李斯德；在日本，就对不起野口博士。野口博士为了研究黄热病，而牺牲了自己的性命，是值得我们推崇的一位日本科学家。

在同一国度里，出了为人类而不惜牺牲了自己的科学家，又出了为自己而不惜**毁灭**了人类的军阀。

这是不足为怪的，这是帝国主义者的老把戏。

科学落伍的中国，从前似乎也曾发明了火药。这在我们不过是拿来做鞭炮之类的玩意儿。一到了白种人的手里，就变成了大炮和炸弹。甚而至于宗教、教育、医院之类的事业，一一都可以做成侵略的工具。而现在更有这种杀人不见血的毒菌，更来得简便了。

然而，毒菌的种类既多，它们攻入的法子，也各有花样，各有一定的途径，也须遇着种种机缘，打破重重难关，断不是随随便便，瞎碰瞎干，就可以杀倒一个比它大了好几百万倍的人呀！

攻人的毒菌，现在已经发现的，大约有六十几种之多吧？它们都是细菌世界里的流氓，到处潜伏。人家的身体偶尔着了凉，它们就趁冷打劫。体虚质弱的人，更容易受它们的**欺侮**了。

它们打倒了一个病人，就拿他作为临时的根据地。就由那病人，在谈话握手的时候，传染给别人。或由那病人所用的茶杯、手巾、钱币、书籍、衣服，如此等等的物件，传染起来。

它们尚且以为这是太费事了。因为每次要寻到有得病的资格的人，一定要在他**疏忽**的时候，吃了些没有煮熟的食物，喝了些生冷的水，它们才得以混进去，到肚肠里去。

从鼻孔里进去吧？那又得等到天气突然转冷的交关，灰尘飞扬的时候，人群拥挤的场所，就是冲进了鼻毛的后面，也还有别的问题呢。

于是这些毒菌呀又想利用昆虫作战了。有的挂在苍蝇脚下，有的伏在蚊子口里，有的藏在跳蚤身上，有的躲在臭虫刺边，都恨不得立刻就钻进人的体内去、人的血管里面去，去吃那**香喷喷**的血。

可是到了人血里以后，又遇着两个小冤家，要和它们厮打。一个是白细胞，一个是**抗体**。

原来毒菌杀人的武器，是有两种的：一种是专靠自己生殖快，菌众多，硬把血管冲破，血素吃光，伤寒菌就是这一例。一种是盘踞在人身的一个角落里，而不停地分泌毒汁，使人全身中毒而死，白喉菌就是这一例。

因此人血里的抗体，也有两种：一种是抗菌，一种是抗毒。

要打破这些难关，才能杀倒一个人。不然，若毒菌容易得胜，人类早已灭亡了。

一个大时疫的流行，自有它特殊的原因，特殊的气候，特殊的环境，合着而造成的。由于现代世界卫生事业的进步，这恐慌已经减少了。

现在，军事的妄想家，却要利用毒菌来助战了。

这就是说，要在敌国造成人工的时疫。可能吗？我也曾替他们细细地**设想**。

选出最凶最毒的菌种，大量地培养起来，装入特制的炸弹里面，从飞机上投下去吧。

投到对方的战地去，投到对方的街市去，使这些毒菌，毛毛雨一般，满天满地地飞舞。然而，这时候，敌方如果早有准备，只须每人一条消毒的纱布，罩住了鼻子，也就安然度过了。

在江河湖沼里，在自流井饮水池里，秘密散布毒菌吧。然而，这时候，敌方如果有卫生的训练，不去喝生冷的水，只喝些开而又开的水，那么，那些毒菌只好静候着时间的**淘汰**了。

还有别的法子想吗?

有。可以组织病人敢死队，送有传染性的病人到前线去。可以从飞机上掷下无数的苍蝇，苍蝇不足，继之以蚊子、臭虫、跳蚤、壁蚤、死老鼠之类的“疫媒”。

这似乎是可笑，而其实是可怕。

战争本是盲目的行动，何况帝国主义者一心残酷，无毒不使，样样做得出。可怜的只是我们不讲卫生的古国，在平时，一般民众，就没有卫生训练，预防传染病的常识；到了战时更是**手忙脚乱**了。

毒菌战争，不过是玩传染病的把戏，我们若揭穿了那把戏的内幕，也就无须恐慌了。

然而，可怕的是，战争即使没有利用毒菌，而毒菌却反利用了战争，造成了它们流行的机会。大战之后，必有大疫。第一次世界大战死亡的统计，死于枪炮火之下的占少数，死于疫病的占多数。

而且，在平时，世界各国对于时疫，都有严密的检查与管理，一旦大战发生，不免废弛**放纵**，那流祸是不可胜言的。

这是一件严重的事实。不论大战什么时候才来，我们大众对于毒菌这家伙，都亟待注意啊!

1936 年 3 月 16 日